食虫植物繁殖与栽培手册

SHICHONG ZHIWU FANZHI YU ZAIPEI SHOUCE

主编◎宁国贵　张润花

U0232618

长江出版传媒　湖北科学技术出版社

图书在版编目（CIP）数据

食虫植物繁殖与栽培手册 / 宁国贵，张润花主编 .
武汉 ： 湖北科学技术出版社，2024. 12. -- ISBN 978-7-
5706-3753-9

Ⅰ . Q949.96-62

中国国家版本馆 CIP 数据核字第 2024CJ3050 号

责任编辑：胡　婷

责任校对：童桂清　　　　　　　　　　　封面设计：曾雅明　纪懿珊

出版发行：湖北科学技术出版社

地　　址：武汉市雄楚大街 268 号（湖北出版文化城 B 座 13—14 层）

电　　话：027-87679468　　　　　　　　　　　邮　　编：430070

印　　刷：武汉科源印刷设计有限公司　　　　　　邮　　编：430299

710 毫米 ×1000 毫米　　　　1/16　　　　　6.75 印张　　　　100 千字

2024 年 12 月第 1 版　　　　　　　　　　2024 年 12 月第 1 次印刷

定　　价：40.00 元

（本书如有印装问题，可找本社市场部更换）

编委会

主　编：宁国贵　张润花

副主编：何燕红　杨佳丽　饶羽菲

编　委（按照姓氏笔画排序）：

代文浩　华中农业大学

宁国贵　华中农业大学

朱孟婷　华中农业大学

刘雨菡　华中农业大学

杨佳丽　华中农业大学

何燕红　华中农业大学

张　杰　华中农业大学

张润花　武汉市农业科学院

郑　哲　华中农业大学

赵　景　华中农业大学

柏　淼　元述园艺工作室

饶羽菲　华中农业大学

殷铭轩　华中农业大学

曾芝琳　华中农业大学

序

　　食虫植物是一种会捕获并消化昆虫而获得营养的自养型植物。在长期与自然协同进化的过程中，食虫植物演化出各种神奇的结构来捕食昆虫。由于其种类繁多，生态习性多样，导致了繁殖和栽培方式的特殊性。本书着重介绍了捕虫堇、猪笼草、捕蝇草、茅膏菜、瓶子草等食虫植物的常见品种及分布、形态特征、生长习性、捕虫方式、繁殖方法、栽培技术等，旨在为食虫植物爱好者和种植者提供技术指导。

　　本书的出版获得了国家大宗蔬菜产业技术体系的支持。由于编者水平有限，不足之处，欢迎批评指正。

宁国贵

2024 年 11 月 13 日于狮子山

目/录
CONTENTS

第一章

认识食虫植物

一、什么是食虫植物？

1. 食虫植物（Carnivorous Plants）

食虫植物又名食肉植物，是指能够捕捉并且消化小型昆虫或者其他小动物以获取营养的植物。食虫活动通常具备完整的吸引、捕捉、消化和吸收过程。食虫植物捕捉昆虫的器官由叶片经过特殊进化而成，所捕食的"昆虫"包括常规意义上的昆虫及其他节肢动物、蠕虫和脊椎动物等。这些植物通常生长在土壤贫瘠、养分匮乏的环境中，为了生存而进化出了这种独特的捕食能力。其涵盖了多个科属，如猪笼草科（Nepenthaceae）、茅膏菜科（Droseraceae）、瓶子草科（Sarraceniaceae）等。

食虫植物的典型代表：猪笼草（左）、瓶子草（中）、捕虫堇（右）

2. 捕虫植物（Insectivorous Plants）

严格来说，"捕虫植物"并不是一个独立的科学分类，而是对具有捕虫能力的植物的一种通俗称谓。捕虫植物虽然也具备捕捉昆虫的能力，但其范围更广，包括了一些只能捕捉但无法完全消化昆虫的植物。这些植物可能只具有简单的捕虫器，或者依赖共生生物来帮助分解猎物。在日常语境中，"捕虫植物"和"食虫植物"常被视为同义词，均指具有捕虫行为的植物。

3. 食虫植物与捕虫植物的区别

"食虫植物"是一个更为严谨、科学的术语，用于描述具有明确捕食机制且能从中获取营养的植物。"捕虫植物"在学术上较少使用，更多是在非专业语境中作为食虫植物的通俗称呼。

食虫植物通常具有复杂的捕虫器和完善的消化系统。它们的捕虫器能够吸引并捕获昆虫，同时能够产生蛋白酶、核糖核酸酶、磷酸酯酶等消化酶来分解昆虫，并直接吸收分解后的营养物质。捕虫植物虽然也能捕捉昆虫，但可能不具备完整的消化系统。例如，有些捕虫植物只能产生消化液或依赖共生细菌来分解昆虫。此外，还有一些捕虫植物通过与昆虫建立共生关系，进而利用昆虫的排泄物获取营养，而不是直接消化昆虫。

食虫植物和捕虫植物在捕食行为上并无明显的区别，但由于"捕虫植物"这一术语的宽泛性而涵盖了更多种类的植物，包括那些偶尔表现出捕虫行为但并非以捕虫为主要生存策略的植物。食虫植物和捕虫植物都具备独特的捕虫机制，如设置陷阱、分泌黏液等，用于捕捉并困住昆虫。它们在生态系统中都扮演着重要的角色，能够控制害虫数量、促进生物多样性并维护生态平衡。

被瓶子草吸引而失足掉入陷阱的食蚜蝇

🌱 二、食虫植物的分类 ▶▶▶

食虫植物广泛分布于多个科属之中，每一科都拥有独特的形态特征和捕食策略，共同构成了食虫植物的多样性。其中最著名的包括猪笼草科、茅膏菜科、瓶子草科。另外，凤梨科（Bromeliaceae）、狸藻科（Lentibulariaceae）、土瓶草科（Cephalotaceae）、露松科（Drosophyllaceae）、腺毛草科（Byblidaceae）等科的植物也各自拥有独特的形态特征和捕食策略。

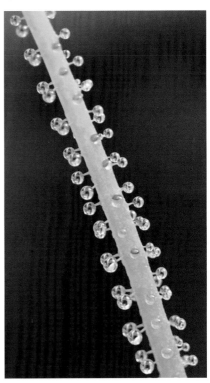

露松（*Drosophyllum lusitanicum*），露松科露松属植物，与茅膏菜属植物不同的是，
露松的腺体和叶片在粘捕到猎物后并不会产生运动

1. 狸藻科

狸藻科是食虫植物中较小巧的一类，广泛分布于全球多个地区，包括欧洲、亚洲、美洲和非洲的热带及温带地区，其中最常见的为捕虫堇属（*Pinguicula*）。

捕虫堇属的主要特点：利用黏液捕食昆虫。捕虫堇的叶片上覆盖着一层细

密的黏液，能够粘住并捕捉小型昆虫。其叶片多呈圆形或肾形，表面平滑或具
有细微的褶皱。多生长在高山草甸、岩石缝隙等较干燥的环境中，对水分和养
分的需求较高。

苹果捕虫堇（左，*Pinguicula agnata× potosiensis*）和爱丽丝捕虫堇（右，*Pinguicula esserian*）
是最经典的捕虫堇品种，植株紧凑、花量大

2. 猪笼草科

猪笼草科是食虫植物中最为人熟知的
一科，以其独特的捕虫笼而闻名。科内物
种繁多，捕虫笼的形态、大小和颜色各异，
以适应不同的环境和猎物种类。主要分布
在亚洲的热带和亚热带地区，尤其是东南
亚的马来群岛和菲律宾群岛。

主要特点：猪笼草通过变态的叶片演
化出形似小瓶子的捕虫笼，笼口上方覆盖
着光滑的唇瓣，能分泌蜜汁吸引昆虫。捕
虫笼内部光滑且倾斜，底部积有消化液，
能够淹死并分解掉落的昆虫。

猪笼草为雌雄异株的植物，图示为雄花

维奇猪笼草（*Nepenthes veitchii*），婆罗洲特有食虫植物，
如今也是猪笼草爱好者追捧的热门种类

3. 茅膏菜科

茅膏菜科是另一类重要的食虫植物，其种类繁多，适应性强，能够在多种环境中生存并捕食昆虫。广泛分布于全球多个地区，包括北美、欧洲、亚洲和非洲的热带、亚热带以及温带地区。

主要特点：茅膏菜科茅膏菜属植物叶片上覆盖着晶莹剔透的黏液，这些黏液具有很强的黏附力，能够粘住落在叶片上的昆虫。被黏液粘住的昆虫随后会被叶片上的腺毛紧紧缠绕，无法逃脱。茅膏菜科茅膏菜属植物的叶片变态发育成捕虫夹，昆虫一旦触动夹子里的触毛，捕虫夹会迅速闭合，牢牢捕获昆虫。

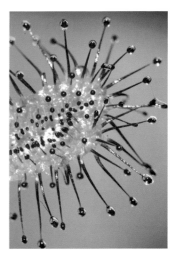

茅膏菜属植物叶片上覆盖着晶莹剔透的黏液用来捕捉昆虫

4. 瓶子草科

瓶子草科是一类主要分布于北美洲的食虫植物，以其高大的植株和壮观的捕虫结构而著称。

主要特点：瓶子草通过变态的叶片演化出类似管状的捕虫结构，管口上方常有类似帽子的结构以防止昆虫逃脱。捕虫管内部光滑且充满消化液，能够杀死并分解掉入的昆虫。瓶子草常具有丰富的色彩和特殊的气味，以吸引猎物。

紫瓶子草（左，*Sarracenia purpurea*）与白瓶子草（右，*Sarracenia leucophylla*）。瓶子草的形态各异，也是盆栽市场广受欢迎的食虫植物

5. 其他科属

除了上述几个主要科属外，还有一些其他科的植物也展现出食虫特性。如捕蝇草（*Dionaea muscipula*）通过捕虫夹来捕捉小型生物；土瓶草（*Cephalotus follicularis*）具有类似小瓶子的捕虫结构；腺毛草（*Byblis liniflora*）利用细小的腺毛捕食昆虫。

三、食虫植物的捕食方式

食虫植物作为自然界中一个独特的存在，以昆虫等小型生物为食，以补充土

壤中可能缺乏的氮、磷等营养元素。这些植物通过演化出多种精妙绝伦的捕食机制，展现了生命适应环境的无限可能。以下是五种主要的食虫植物捕食方式：黏液型捕虫、陷阱型捕虫、机械型捕虫、吸附型捕虫以及迷宫型捕虫。

1. 黏液型捕虫

黏液型捕虫是许多食虫植物采用的一种高效捕食策略。这类植物叶片表面覆盖着一层黏滑、透明的液体，这些黏液富含消化酶，对昆虫具有极强的吸引力。当昆虫不慎触碰到这些黏液时，会被迅速粘住而无法逃脱。随后，黏液中的消化酶开始分解昆虫身体，为植物提供所需的营养。这种捕食方式不仅高效，还能有效防止猎物逃脱，是食虫植物中较为普遍的一种捕食方式。

叉叶茅膏菜（*Drosera binata*）的黏液，用于捕捉并消化昆虫

茅膏菜属（*Drosera*）和捕虫堇属是黏液型捕虫植物的典型代表。它们拥有覆盖着闪亮黏液的叶片，这些黏液由叶表腺体分泌，能够迅速粘住落在其上的昆虫。随着时间的推移，昆虫会因挣扎耗尽体力而死亡，随后被植物逐渐消化吸收。

2. 陷阱型捕虫

采用这种捕虫方式的食虫植物通过形成特殊结构的陷阱来捕捉猎物。猪笼草属（*Nepenthes*）和瓶子草属（*Sarracenia*）为陷阱型捕虫植物的典型代表。猪笼草的捕虫笼是一个复杂的器官，由变态的叶片演化而来，笼口边缘光滑且向内倾斜，笼口上方通常有一个鲜艳的盖子用于吸引昆虫，笼内底部有消化液。昆虫被诱饵（如花蜜或色彩鲜艳的突起）吸引至笼口，一旦滑入便难以爬出，最终落入消化液中。瓶子草则通过其管状叶片形成的"瓶子"来捕获猎物，瓶口附近同样有吸引昆虫的结构，而瓶内滑腻的内壁和大量消化液则确保了猎物的捕获效率。

猪笼草（左）与瓶子草（右）都具有筒状的捕虫结构

3. 机械型捕虫

机械捕虫是食虫植物中最令人惊叹的捕食方式，以捕蝇草为代表。捕蝇草的叶片边缘布满了敏感的触毛，当昆虫触动两根相邻的触毛时，叶片会在极短时间内迅速闭合，形成一个密封的"牢笼"。这个过程快速而有力，足以困住甚至夹伤昆虫。此外，茅膏菜属中的某些种类则通过叶片的快速卷曲来捕获昆虫，其叶片边缘能够像手指一样弯曲，将昆虫紧紧包裹住。随后，叶片会分泌消化液消化昆虫。

捕蝇草叶片

4. 吸附型捕虫

采用吸附型捕虫方式的食虫植物能够利用自身的特殊结构或分泌物，如捕虫囊、黏液等，吸附并捕捉小型生物。这类植物通常具有独特的捕虫器官或分泌物，能够高效地捕捉并消化猎物，从而补充自身所需的营养物质。

狸藻（*Utricularia vulgaris*）是吸附型食虫植物的典型代表。它们以茎节上的捕虫囊吸食水中的小型昆虫及其他生物。水是吸附的媒介，当猎物靠近捕虫囊时，囊口会打开并释放出吸引猎物的物质，同时囊内的压力也会发生变化，形成一股向内的吸力，将猎物吸入囊内。

5. 迷宫型捕虫

该类型可分为结构迷宫和光影迷幻两种，分别是利用演化出复杂的管道或者迷幻的色彩来吸引猎物进入"有来无回"的迷宫，并最终将其消化吸收。代表植物有眼镜蛇瓶子草属（*Darlingtonia*）、螺旋狸藻属（*Genlisea*）等。其中螺旋狸藻属的捕虫方式非常独特，其叶子进化成一种很长的管状捕虫器，这些捕虫器生长出来后便插入潮湿的土壤中。土壤中的线虫等生物，会循着捕虫器的入口钻进去，并在捕虫器内复杂得宛如迷宫一样的小室中迷失，进而被植物消化吸收。

食虫植物的捕食方式多样且精妙，每一种都体现了自然界中生物适应环境的智慧与创造力。这些植物以其独特的方式在生态系统中占据了一席之地，为探索生命多样性和生物进化提供了宝贵的实例。

捕蝇草和茅膏菜用它们充满机关的捕虫结构捕获昆虫

四、食虫植物的园林应用

食虫植物以其独特的生态特征和奇异的捕食方式,不仅吸引了众多自然科学爱好者的目光,也逐渐成为现代园林设计中一股不可忽视的新潮流。这些植物不仅能够美化环境、丰富景观多样性,还能在一定程度上控制害虫数量,促进生态平衡。

(一)食虫植物的园林价值

1. 独特的观赏价值

食虫植物如捕蝇草、猪笼草、茅膏菜等,以其奇特的外形、鲜艳的色彩和独特的捕食机制,成为园林景观中不可多得的观赏焦点。它们能够吸引游客驻足观赏,增加园林景观的趣味性和互动性。

以观叶为主的红瓶子草
(*Sarracenia rubra*)

以观花为主的大肾叶狸藻
(*Utricularia reniformis*)

2. 生态调节功能

在园林生态系统中,食虫植物能够捕食并消化小型昆虫,从而在一定程度上减少害虫数量,降低化学农药使用量,促进生态平衡。这对于维护园林环境

的健康、提升生物多样性具有重要意义。

3. 教育科普作用

食虫植物独特的生物学特性和捕食机制，使其成为科普教育的重要载体。在园林中设置食虫植物展示区，可以让公众近距离观察和认识这些神奇的植物，增强公众对自然科学的兴趣。

上海辰山植物园温室里的食虫植物科普园区，汇集了大量的食虫植物品种

（二）食虫植物的园林选择原则

1. 适应性原则

选择适合当地气候和土壤条件的食虫植物品种，确保其能够在园林中正常地生长和繁殖。

2. 观赏性原则

优先选择外形美观、色彩鲜艳、捕食机制独特的食虫植物品种，以提升园林景观的观赏价值。

有不少种类的瓶子草是花叶共赏的良好品种，鲜艳的花朵亦是近年来流行的名贵切花材料

3. 生态性原则

考虑食虫植物在园林生态系统中的作用，选择能够控制特定害虫种类或改善生态环境的品种。

（三）食虫植物的园林布置技巧

1. 单独展示

将具有突出观赏价值的食虫植物单独种植于花坛、花境或景观节点处，形成独立的观赏焦点。

2. 组团布置

将多种食虫植物按照一定规律组合种植在一起，形成特色鲜明的植物组团或景观带，增加景观的层次感和丰富度。

各类瓶子草组成的花园景观

3. 生态景观构建

结合园林的生态需求，将食虫植物与其他植物、水体、岩石等自然元素有机结合，构建具有生态功能的园林景观。

（四）食虫植物的园林养护要点

1. 保持水分

食虫植物多数喜欢湿润的环境，因此在养护过程中要注意保持种植基质和空气湿润，避免长时间干旱。

各类食虫植物基本是用泥炭或者水苔种植，需要保持较多的水分才能维持正常生长

2. 合理施肥

虽然食虫植物能够通过捕食昆虫获取部分营养，但在生长旺盛期仍需适量施肥，以补充其生长所需的营养元素。

3. 病虫害防治

虽然食虫植物具有一定的防虫能力，但也可能受到其他病虫害的侵袭。因此，在养护过程中要注意观察植物的生长状况，及时发现并处理病虫害问题。

4. 适时修剪

对于部分食虫植物来说，适时修剪可以促进其分枝和开花结果，提高观赏价值。但修剪时要注意避免损伤植物的捕食器官和生长点。

第二章

捕 虫 堇

第一节　捕虫堇的常见品种及分布

一、常见品种

捕虫堇属隶属于狸藻科，全世界约有 130 种。其中原种约为 80 种，我国仅产 2 种。

【原种】

高山捕虫堇（*P. alpina*）、北捕虫堇（*P. villosa*）、圆切捕虫堇（*P. cyclosecta*）、巨大捕虫堇（*P. gigantea*）、墨兰捕虫堇（*P. moranensis*）、爱兰捕虫堇（*P. ehlersiae*）、樱叶捕虫堇（*P. primuliflora*）等。

【杂交种】

'塞提'捕虫堇（*P.* 'Sethos'）、'弗洛里'捕虫堇（*P.* 'Florian'）、'马尔恰诺'捕虫堇（*P.* 'Marciano'）、'阿芙罗狄蒂'捕虫堇（*P.* 'Aphrodite'）、'缇娜'捕虫堇（*P.* 'Tina'）、'威悉'捕虫堇（*P.* 'Weser'）等。

巨大捕虫堇　　　　　　'塞提'捕虫堇　　　　　　圆切捕虫堇

# 二、分布情况

捕虫堇属植物在全世界分布广泛，按产地可分为北美洲高山带、欧洲山脉及中国青藏高原带、北美洲低海拔平原带。其中，以墨西哥为主的北美洲高山带捕虫堇种类最为丰富。

1. 北美洲高山带

这个类群生长于墨西哥、危地马拉、尼加拉瓜、洪都拉斯以及萨尔瓦多等北美洲山区，以墨西哥为主要的分布地区。墨西哥高原属于热带高地气候，海拔较高，气温较低，年平均温度在 15～20℃，昼夜温差较大，降水随高度而异。常见的种类有圆切捕虫堇、巨大捕虫堇、墨兰捕虫堇、纯真捕虫堇（*P. agnata*）等。

2. 欧洲山脉及中国青藏高原带

这个类群广泛分布在欧洲阿尔卑斯山脉和中国青藏高原地区。该地区气候类型多为温带高山气候（极少数分布在寒带地区），全年温度低，降水少，气温和降水随海拔的变化而变化。此类型捕虫堇大部分会形成冬芽休眠越冬。常见的种类有分布于中国青藏高原的高山捕虫堇和分布于大兴安岭的北捕虫堇。

3. 北美洲低海岸平原带

这个类群主要分布于美国大西洋东南部沿海平原。该地区气候类型主要是亚热带湿润气候，夏季炎热，冬季温暖，降水充足。此地区捕虫堇不形成冬芽，容易栽培。常见的种类有樱叶捕虫堇、黄花捕虫堇（*P. lutea*）、葡萄牙捕虫堇（*P. lusitanica*）等。

处于盛花期的各种捕虫堇

第二节　捕虫堇的形态特征及生长习性

一、形态特征

捕虫堇是一种多年生草本植物，极少数为一年生，属于黏液型食虫植物。整株基本匍匐在地面或岩石上生长，大多数体型偏小，直径 1 ～ 10 厘米。巨大捕虫堇植株直径最大，可达 30 ～ 40 厘米。

【叶片】

叶片呈长椭圆形，长 0.5 ～ 20 厘米，宽 0.3 ～ 5 厘米，边缘全缘，部分种类内卷，顶端钝形或圆形，基部宽楔形，下延成短柄。叶片形状如同花瓣，呈莲座状生长，肉质，质地较脆，大都呈现明亮的绿色或者粉红色，上表面有细小的腺毛，腺毛分泌黏液，能粘住昆虫，少数叶背同样分布腺毛。

【花】

花单生，花朵大且生有距，花色多呈紫色调，少数呈白色、红色、黄色等。花冠上唇 2 裂达中部，裂片宽卵形至近圆形，下唇 3 深裂，中裂片较大，圆形或宽倒卵形，顶端圆形或截形，侧裂片宽卵形；筒漏斗状，内面具白色短柔毛；花梗 1 ～ 5 条，长 2 ～ 15 厘米，粗 0.4 ～ 1.2 毫米，少数捕虫堇花梗上也有腺毛着生，起到分泌黏液粘食昆虫的作用。花萼 2 深裂，无毛；上唇 3 浅裂，裂片卵圆形。雄蕊无毛；花丝线形，弯曲，长 1.4 ～ 1.6 毫米；药室顶端汇合。雌蕊无毛；子房球形；花柱极短；柱头下唇圆形，边缘流苏状，上唇微小，狭三角形。

【果】

蒴果卵球形至椭圆球形，果实极小，无毛，室背开裂。种子多数，长椭圆形，种皮无毛，具网状突起，网格纵向延长。

【根】

根系呈白色纤维状，比较脆弱，不发达。根系覆盖范围通常比地面上植株的范围小，不深扎入土壤。

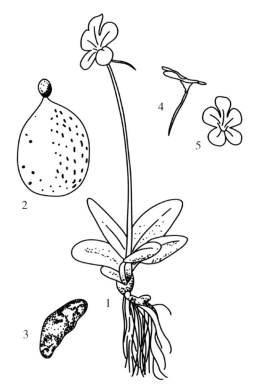

1.植株 2.蒴果 3.种子 4、5.花

高山捕虫堇形态图

🌱 二、生长习性 ▶▶▶

产地不同的捕虫堇，为适应不同区域的气候类型，生长习性略有不同。依照分布区域来划分，捕虫堇可分为热带高地类群、亚热带低地类群和温带及寒带类群。

1. 热带高地类群

此类群集中分布在以墨西哥为主的北美洲高山带。在墨西哥东部山脉至危地马拉这一带，分布在北部的捕虫堇受沙漠影响大，叶片厚实，形如多肉；分布在南部的捕虫堇，受降水影响，叶片逐渐变大，不喜阳光直射，喜碱性基质，大部分种类具有生长期和休眠期之分，生长期喜潮湿半阴环境，休眠期喜干燥通风环境。它们通常在春季4—5月开始生长捕虫叶，随后进入生长期。生长期捕虫叶面积大并且黏液丰富，捕虫能力强。夏季最适生长温度应低于30℃。到秋季11月，随着温度降低捕虫叶逐渐枯萎脱落，休眠叶逐渐萌生。休眠叶肉质、紧凑，储存大量水分，但不具有捕虫功能。休眠叶在5℃以上便可成功越冬，部分类群会以冬芽形式越冬。来年春天到来时，越冬成功的捕虫堇会重新长出捕虫叶。此类捕虫堇大都在春、秋两季开花。常见的有纯真捕虫堇、墨兰捕虫堇、沙氏捕虫堇（*P. sharpii*）等。

圆切捕虫堇休眠期

圆切捕虫堇生长期

2. 亚热带低地类群

此类群主要分布在北美洲低海岸平原地区，喜充足的阳光照射，多数喜欢潮湿的环境。这一类群没有生长期和休眠期之分，一年四季都具有捕虫叶，且冬天不会以冬芽的形式越冬，5℃以上便可成功越冬。此类捕虫堇在6—10月多次开花结籽。常见的有樱叶捕虫堇、黄花捕虫堇、葡萄牙捕虫堇。

3. 温带及寒带类群

此类群主要分布在欧亚大陆高纬度及高山地区，喜湿，对温度的要求极高，全年生长温度须低于20℃，且具有休眠期和生长期之分。生长期在每年的春、夏两季，温度维持在10～20℃，气候凉爽湿润时，捕虫堇长出捕虫叶来捕食昆虫。而进入秋季，气温骤降，1～2℃的低温将近持续半年，此时捕虫堇长出如同百合芽一般的冬芽，冬芽在湿润的低温环境下可以安全越冬，来年4月冬芽便可继续生长开花。部分寒带或高山类群冬芽结冻也不会影响来年的生长，如大花捕虫堇（*P. grandiflora*）。

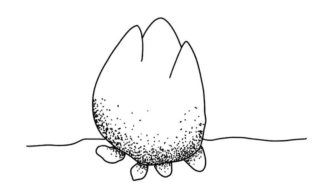

捕虫堇冬芽示意图

第三节　捕虫堇的捕虫方式

捕虫堇是黏液型食虫植物。这一类型的食虫植物叶片表面密布腺毛。腺毛分为有柄腺和无柄腺，有柄腺分泌黏液来粘住昆虫，而无柄腺会分泌消化液，将昆虫完全分解。昆虫一旦被黏液粘住，这个刺激就会使碰到昆虫的有柄腺缩短，昆虫就会碰到叶片表面的无柄腺。这样一来，捕虫堇的叶面就会形成浅浅的凹陷，有利于集中消化液消化昆虫。

捕虫堇消化液中存在蛋白质去磷酸酶、核酸酶以及蛋白分解酶。其中，蛋白质去磷酸酶和核酸酶可以分解出昆虫尸体中的磷酸，蛋白分解酶可以分解出昆虫尸体里的氮，这样一来，腺毛吸收的磷酸和氮就能满足捕虫堇在极度贫瘠的环境中对营养物质的需求，从而使其维持正常的生命活动。

通过长期观察捕虫堇的捕虫情况发现，捕虫堇捕食的昆虫多为带翅的飞虫，主要包括双翅目蚊科、摇蚊科、虻科、果蝇科，半翅目蚜总科和同翅目粉虱科等（表2-1）。根据食虫植物捕虫的这一大特点，我们尝试将巨大捕虫堇与水芹间作无土培养。在栽培过程中发现，巨大捕虫堇的点植极大程度地降低了蔬菜害虫的发生率，平均每棵捕虫堇叶片上捕获8只飞虫，包括水蝇、虻、蠓以及菜蛾等。由此看来，食虫植物和蔬菜作物间植对改善蔬菜种植环境具有一定的作用，是一种新型有效的生物绿色防虫技术。

表 2-1　捕虫堇捕食昆虫种类

名称	目	科
摇蚊	双翅目	摇蚊科
伊蚊	双翅目	蚊科
虻	双翅目	虻科

名称	目	科
蠓	双翅目	蠓科
蕈蚊	双翅目	眼蕈蚊科
果蝇	双翅目	果蝇科
水蝇	双翅目	水蝇科
粉虱	同翅目	粉虱科
蚜	半翅目	蚜总科
蓟马	缨翅目	蓟马科
菜蛾	鳞翅目	菜蛾科
小灰蝶	鳞翅目	灰蝶科

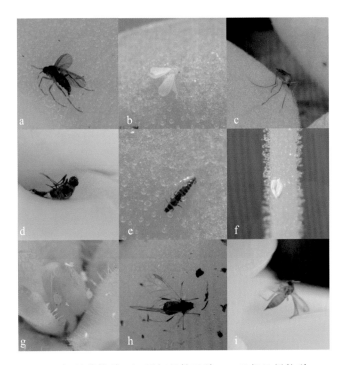

a. 双翅目蕈蚊科　　b. 同翅目粉虱科　　c. 双翅目摇蚊科

d. 双翅目蝇科　　　e. 缨翅目蓟马科　　f. 同翅目粉虱科

g. 半翅目蚜总科　　h. 半翅目蚜总科　　i. 双翅目蕈蚊科

捕虫堇捕食昆虫种类

巨大捕虫堇与水芹间作绿色防虫

与水芹间作粘满飞虫的巨大捕虫堇

粘满飞虫的'塞提'捕虫堇

第四节　捕虫堇的繁殖方法

捕虫堇是一类繁殖能力较强的食虫植物，在温室生产和家庭种植中可以采取有性繁殖和无性繁殖两种方式进行繁殖。最常见的繁殖方法为播种繁殖、扦插繁殖和分株繁殖，若大量繁殖，可进行组织培养。每种繁殖方法都存在优点和弊端，可根据实际情况选择最佳的繁殖方法。另外，虽然捕虫堇种类繁多且分布广泛，但各个种类的繁殖方法基本一致。

一、播种繁殖

捕虫堇是严格的异花授粉植物，只要在开花期间帮助植物授粉，就会结出许多种子。人工授粉应选在开花后的 2 ~ 3 天进行，授粉前先进行花粉的收集：将一朵花的花瓣取下，露出雄蕊，轻轻抖动花茎，把掉落的花粉收集起来干燥保存。授粉时，用毛笔蘸取花粉，轻轻扫到另外一朵花的柱头上，这样就完成了授粉过程。授粉成功的捕虫堇会在 1 ~ 2 个月后结出蒴果，开裂蒴果里的种子收集起来便可播种。收集起来的种子可和干燥剂一起密封保存于 4℃ 的冰箱中。

播种时直接将捕虫堇种子均匀地撒播在湿润的基质上，此时可以选用无肥泥炭土 : 珍珠岩 =3 : 1 的配方。种子萌发喜欢高湿度明亮的环境，可以罩上透明的托盘罩来增加空气湿度。将种子放置在 20 ~ 25℃ 的环境下，2 ~ 3 周就有小苗陆续萌发，待到小苗长出几片叶片后便可以移栽到定植盆里。

播种繁殖需要及时进行人工授粉，授粉后结实率有限，种子萌发长成成苗需要的时间长，且后代会有性状分离的可能，故不能完全体现出母本的优良性状。但是在育种改良工作中，播种繁殖是一个不错的方法。

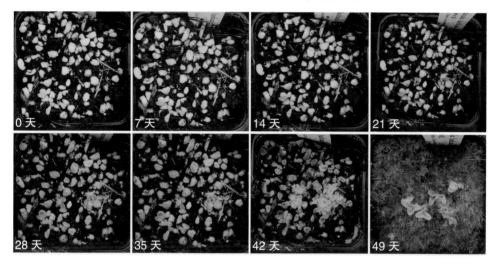

葡萄牙捕虫堇种子发芽过程

二、扦插繁殖

扦插繁殖是捕虫堇最常用的繁殖方法，所有种类的捕虫堇都可通过扦插方式繁殖。扦插繁殖的最佳时期应选在春季生长期的 4—5 月，避开休眠期。

扦插时将长势健康的叶片从基部摘下来，叶面朝上平铺在高湿度的基质上。可选择无肥泥炭土：珍珠岩 =3 ：1 或水苔作为扦插基质。新手在扦插时，尽量避免使用水苔，否则会因无法正确把握给水量导致叶片浸泡腐烂。扦插后同样将叶片放置于 20 ～ 25℃、明亮潮湿的环境中，10 ～ 15 天叶片基部就有新芽萌发，25 ～ 30 天便可长成一棵独立的植株进行移栽。

扦插成活的植株极大地保留了母株的优良性状，同一批次扦插苗质量一致，商业价值高。扦插 1 片叶片可以收获 1 ～ 3 株成苗，繁殖系数远高于实生播种繁殖，但是要满足工业化生产，扦插的繁殖效率还是远远不够。

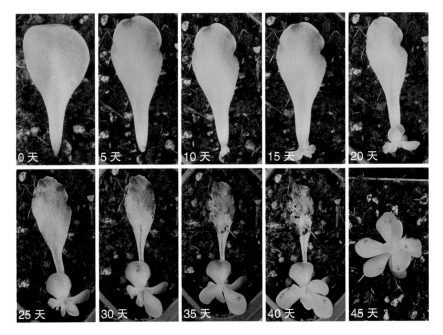

'塞提'捕虫堇扦插繁殖生长过程

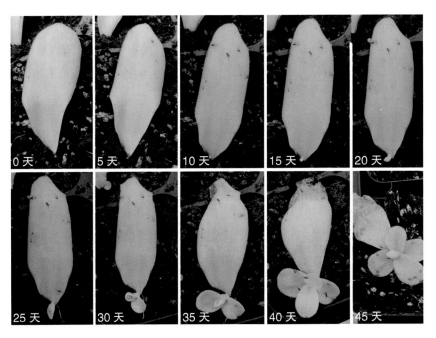

巨大捕虫堇扦插繁殖生长过程

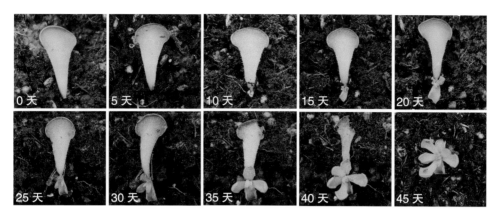

圆切捕虫堇扦插繁殖生长过程

三、分株繁殖

爱丝捕虫堇（*Pinguicula esseriana*）、巨大捕虫堇以及杂交种'塞提'捕虫堇等在生长过程中会在母株基部长出新的植株，并逐渐和母株长成一丛呈花束状，此时可以进行分株繁殖。另外，樱叶捕虫堇叶片前端与土壤接触时，会长出不定芽，待不定芽长到3厘米左右，便可与母株分离，重新栽植。分株没有最佳时期之分，全年都可进行。

分株时，提前准备好定植的容器和基质，将需要分株的植株以芽点为中心轻轻掰下，尽量不要伤害嫩芽，栽植到新的容器里。栽植后要注意保湿，可加盖透明托盘罩，温度控制在日常栽培温度即可。

分株繁殖操作简便，对繁殖环境和时期的要求较低，实用性强。但是不同种类的捕虫堇分株繁殖的能力不同，所以只能应用于部分捕虫堇的繁殖生产中。

待分株的'塞提'捕虫堇

待分株的巨大捕虫堇

四、组织培养

组织培养是在无菌环境下，将植物的器官、组织或细胞培养成完整的植株的技术。目前，捕虫堇的组培快繁和再生已有报道。捕虫堇组织培养能在较短时间内实现大量的繁殖，同时新生的植株和母本保持共同的优良性状，是生产中最高效的繁殖方式。

以捕虫堇的种子或者叶片为外植体，用消毒剂（75% 乙醇、0.1% 氧化汞或0.5% 次氯酸钠）消毒 3 ~ 10 分钟后移入超净工作台，把外植体接种于含有营养物和激素的半固体再生培养基中，pH 值调为 6.0，培养条件为温度 25 ± 2° C、光照强度 800 ~ 1000 lx、光周期为 14 小时光照 /10 小时黑暗，14 天后便可观察到种子萌发。捕虫堇叶片在接种于再生培养基 30 天后会萌发出许多不定芽，切下萌发的单芽移入增殖培养基，30 天左右单芽逐渐长成丛芽，经生根培养后便可下地栽植。

表 2-2　捕虫堇的组织培养配方

品种及外植体	培养基名称	培养基配方
墨兰捕虫堇种子	萌发培养基	1/4MS+100 mg/L 肌醇 +0.4 mg/L 硫胺素 +20 g/L 蔗糖 +8.5 g/L 琼脂
	增殖培养基	1/2MS+0.5 mg/L 6– 苄氨基腺嘌呤（BA）+ 0.5 mg/L 萘乙酸（NAA）+20 g/L 蔗糖 +8.5 g/L 琼脂
	生根培养基	1/4MS+20 g/L 蔗糖 +10 g/L 琼脂
葡萄牙捕虫堇叶片	增殖培养基	1/2MS+0.5 mg/L 6–BA+0.2 mg/L NAA+20 g/L 蔗糖 + 10 mg/L 琼脂
	生根培养基	1/4MS+0.2 mg/L 3– 吲哚乙酸（IAA）+30 g/L 蔗糖 + 10 mg/L 琼脂
圆切捕虫堇叶片	再生培养基	MS+1 mg/L 6–BA+0.2 mg/L NAA+30 g/L 葡萄糖 + 8 mg/L 琼脂
	增殖培养基	MS+0.6 mg/L 6–BA+0.1 mg/L NAA+30 g/L 葡萄糖 + 8 g/L 琼脂
	生根培养基	1/2MS+0.1 mg/L 3– 吲哚丁酸（IBA）+30 g/L 葡萄糖 + 3 g/L 植物凝胶

续表

品种及外植体	培养基名称	培养基配方
'塞提'捕虫堇叶片	再生培养基	MS+2.0 mg/L 6–BA+0.2 mg/L NAA+30 g/L 葡萄糖 + 8 g/L 琼脂
	增殖培养基	MS+0.3 mg/L 6–BA+0.1 mg/L NAA+30 g/L 葡萄糖 + 8 g/L 琼脂
	生根培养基	1/2MS+0.1 mg/L IBA+30 g/L 葡萄糖 +3 g/L 植物凝胶

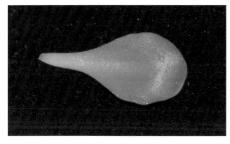

'塞提'捕虫堇叶片

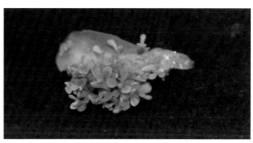

'塞提'捕虫堇叶片再生培养 30 天

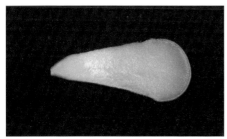

圆切捕虫堇叶片

圆切捕虫堇叶片再生培养 30 天

'塞提'捕虫堇单芽增殖培养 30 天

圆切捕虫堇单芽增殖培养 30 天

'塞提'捕虫堇组培苗生根培养

圆切捕虫堇组培苗生根培养

🌱 五、冬芽繁殖

＞＞＞

　　冬芽是在捕虫堇叶片基部生长的芽点，并不是所有类群的捕虫堇都会长出芽点，一般情况下分布于高纬度、高海拔的温带捕虫堇会在休眠期长出冬芽并以此越冬。

　　冬芽繁殖十分简单。冬季取下叶基部的冬芽，轻轻地按压到湿润基质中即可。休眠期保持干燥和通风，来年春季冬芽就可以正常生长。注意在放置冬芽时，芽点朝上，不可倒置。

第五节　捕虫堇的栽培技术

温度、光照、空气、水分是植物生长必不可少的要素，缺少一个植物便无法生存。不同的植物所需要的环境条件会因为分布的区域不同而有差异，当我们将植物从原产地引入时，要注意给予植物与原生自然环境相似的生长条件。捕虫堇根据原产地所处位置的不同可划分为墨西哥为主的北美洲高山带、欧洲山脉及中国青藏高原带和北美洲低海拔平原带三类，其中产于墨西哥一带的捕虫堇对环境条件要求低，较为容易栽培。我们以原产于墨西哥一带的捕虫堇为例，介绍温室栽培捕虫堇的具体方法。温室栽培捕虫堇时，需提前准备好栽培工具，如园艺铲、方盆、托盘、托盘透明罩等。栽培容器选择透水的塑料方盆，将方盆放置于托盘中。

一、基质

水苔、无肥泥炭土、珍珠岩、蛭石、河沙等常作为栽培捕虫堇的基质。考虑到温室生产的成本问题，在大量栽培捕虫堇时，可以选择以下基质配比。另外，墨西哥捕虫堇喜中性或弱碱性土壤基质，可用牡蛎粉来调节基质的酸碱度。

市面上销售的水苔多从国外进口，使用水苔时需要提前一晚将其浸泡在清水中，使之吸满水分，次日将水沥干后便可种植。水苔不可与其他基质混合使用，应单独使用或平铺于其他基质之上。

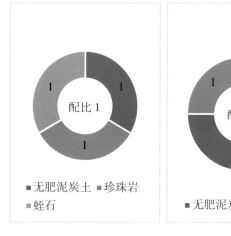

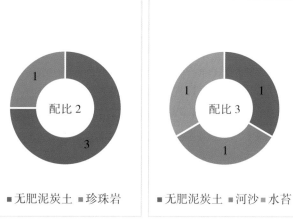

捕虫堇常用的栽培基质配比

 二、温度

凉爽湿润的气候是捕虫堇生长最适宜的环境。一般来说，春、秋两季的温度对捕虫堇的自然生长没有任何影响，而酷夏和严冬则需要人为采取措施对温度进行调节来保证捕虫堇的正常生长。夏季捕虫堇能忍耐的最高温度为30℃，最适温度为20～30℃，当气温高于30℃时，必须开启降温设备，并保证通风，否则植株会因炎热而死亡。冬季必要时要采取保温措施，温度在5℃以上便可成功越冬。

三、光照

捕虫堇多为林下植物，喜半阴或间接光照射。在温室栽培中，一整年都要遮光30%～50%。当阳光太猛烈时，需要加盖不同类型的遮阳网来达到遮阳的效果，绝对不可将捕虫堇放置在阳光下暴晒。在生长期，要保证半天的充足阳光照射，而到了休眠期，捕虫堇对光照的需求量降低，弱光便可正常生长。

四、给水

捕虫堇在生长期对水分的要求很高，需要充足的水分。此时，应采取浸盆法进行给水，并遵循"见干见湿"的原则。给水时保证托盘内存水 1 ～ 2 厘米，土壤基质湿润即可，待到托盘中没有水，基质稍微干燥时进行下一次给水。入秋之后，要渐渐减少浇水量，使捕虫堇逐渐长出休眠叶或冬芽。捕虫堇对水质要求同样也很高，最好使用低矿物质浓度的水源进行浇灌。

另外，提高空气湿度对捕虫堇生长也十分重要，可以用喷雾器多次喷淋植株上方，让水滴均匀落在叶片表面。生长期最好保持湿度不低于 50%，有利于捕虫叶维持黏液充足的状态。

五、给肥

一般情况下，捕虫堇不需要通过施肥来补充营养物质。如果为了达到壮苗和多花的目的，可以在 10—11 月通过叶面施肥的方式进行施肥。施肥可使用 5000 倍浓度的海藻肥、花宝 4 号和花宝 5 号或者花多多 1 号和花多多 10 号，用纯水稀释后均匀喷洒在叶片表面，频率不宜过高，薄肥勤施，2 ～ 3 周一次即可。另外，不可投喂大量"食物"给捕虫堇，因为粘黏的昆虫过多，达到捕虫堇消化的阈值，会对捕虫叶造成不可逆的伤害，导致植株萎蔫死亡。

表 2-3　捕虫堇温室栽培条件

时期	生长期（4—10 月）	休眠期（11 月至次年 3 月）
基质	无肥、中性或偏碱性（pH 值 ≈ 7.0）	
温度	生长温度 10 ～ 33℃，最适温度 20 ～ 25℃	5℃以上
水分	保持土壤湿润，空气湿度大	断水，保持干燥
光照	避免阳光直射，遮光 30% ～ 50%	弱光
肥料	可叶面施薄肥，秋季施肥最佳	
繁殖	4—5 月是最佳分株和扦插时期，可定植换盆	不宜繁殖

第六节 捕虫堇的常见病虫害

一、茎腐病

茎腐病在雨季和高温多湿的环境中更容易发生，从而导致捕虫堇的茎部出现腐烂，严重影响其生长和健康。要防治捕虫堇茎腐病，首先要确保通风良好，避免湿度过高。在发病初期，可以使用 75% 百菌清 800 倍液或 65% 代森锌 600 倍液进行喷雾治疗。对于病情较重的苗圃，可以使用 70% 敌克松可湿性粉剂对土壤进行消毒处理。

二、其他真菌病害

炭疽病、黑斑病等的发病原因通常是环境不适宜，如通风不良、环境密闭且温度偏高等。栽培过程中要注意定期开窗通风，避免环境过于密闭。同时，浇水要适量，避免基质长时间过湿而滋生真菌。如果捕虫堇已经染病，需要及时采取措施进行治疗。将感染的叶片或植株部分剪除，可防止病情扩散。然后，可以使用杀菌剂进行喷洒治疗，例如，百菌清、多菌灵等广谱杀菌剂对捕虫堇炭疽病和黑斑病都有一定的防治效果。

三、常见虫害

蜗牛啃食是捕虫堇常发生的虫害，可以在捕虫堇的四周撒施草木灰或谷壳灰，并加入少许石灰来控制蜗牛虫害的蔓延，严重时可施用四聚乙醛颗粒剂。其他虫害例如红蜘蛛、蚜虫、地老虎等，可以施用联苯菊酯等杀虫剂进行杀灭。

第三章

猪 笼 草

第一节 猪笼草的常见品种及分布

一、常见品种

猪笼草属于猪笼草科，现已得到公认的有 129 个原种，我国也有 1 个原种——奇异猪笼草（*Nepenthes mirabilis*）。猪笼草作为具有热带风情的奇异植物，深受人们喜爱，因此越来越多的园艺家们着手于猪笼草的杂交育种，加之自然杂交育种，目前，猪笼草的杂交种已达千余种。

【原种】

白环猪笼草（*N. albomarginata*）、苹果猪笼草（*N. ampullaria*）、翼状猪笼草（*N. alata*）、二齿猪笼草（*N. bicalcarata*）、奇异猪笼草、爱德华猪笼草（*N. edwardsiana*）、小猪笼草（*N. gracilis*）、印度猪笼草（*N. khasiana*）、苏门答腊猪笼草（*N. sumatrana*）、托莫里猪笼草（*N. tomoriana*）、长毛猪笼草（*N. villosa*）等。

【杂交种】

‘绯红’猪笼草（*N.* ‘Coccinea’）、‘绅士’猪笼草（*N.* ‘Gentle’）、‘宝琳’猪笼草（*N.* ‘Lady Pauline’）、‘红灯’猪笼草（*N.* ‘Rebecca Soper’）、‘米兰达’猪笼草（*N.* ‘Miranda’）、红瓶猪笼草（*N. ventrata*）等。

红瓶猪笼草幼苗

二、分布情况

　　猪笼草主要分布于热带和亚热带地区，自然生境通常位于海拔较低的地区，如低山脉、沼泽地、常年处于高温和高湿度的热带雨林或季雨林。它们通常生长在酸性土壤和贫瘠的湿地中，如泥炭沼泽地和河边沼泽地，需要充足的阳光和湿度。

　　具体来说，猪笼草的原产地包括印度尼西亚、马来西亚、菲律宾、中国、澳大利亚等。在中国，猪笼草多分布在南部如广东、广西、海南和台湾等地。

红瓶猪笼草二年生植株

第二节 猪笼草的形态特征及生长习性

一、形态特征

猪笼草是一种独特的多年生藤本植物，属于陷阱型食虫植物。其茎呈木质或半木质，植株高度通常可达3米，攀缘于树木或沿地面生长。

【叶片】

猪笼草的叶片是一种典型的变态叶，一般为长椭圆形，末端带有笼蔓，这些笼蔓不仅有助于植物的攀缘，还在其末端形成了独特的瓶状或漏斗状的捕虫笼。捕虫笼上带有笼盖，形状独特，在生长初期表面会覆有一层毛被，随着生长逐渐脱落。捕虫笼的颜色及形态从初期的黄褐色扁平状态，逐渐转为绿色或红色，并开始膨胀。在笼盖打开前，捕虫笼就已经展现出了特有的颜色、花纹和斑点，而笼盖打开后，笼口处的唇会继续发育，变宽变大，并可能向外或向内翻卷，同时唇部开始呈现出丰富的色彩，某些捕虫笼的唇部甚至带有不同颜色的条纹。

【花序】

猪笼草雌雄异株，生长多年后开花，一般为总状花序，少数为圆锥花序。猪笼草的花轴从茎的顶部抽出，上面布满了近乎等长的小花梗。每个小花梗上可能带有一朵或多朵小花，整个花序着生几十到上百朵小花。猪笼草没有明显的花瓣结构，那些看似花瓣的部分实际上是花萼。花萼大多4片，颜色为绿色或红色，花萼小且气味平淡。雄花只有一根雄蕊，其花丝合生成管状，花药集生成圆球形，花药上覆盖着一层黄色的花粉。雌花有一个雌蕊，雌蕊呈椭圆形，黑色，密生浓毛。雌蕊的柱头是绿色的，并带有黏性，用以粘住花粉，从而完成授粉过程。

【果】

猪笼草的果为蒴果。种子小且细长，呈梭状至丝线状，通过风力传播。

【根】

猪笼草的根系为黑色须根系，十分脆弱且不发达。

二、生长习性

根据猪笼草生长海拔的不同，将其分为高地猪笼草、中地猪笼草和低地猪笼草。

1. 高地猪笼草

高地猪笼草主要生长在海拔高于 1500 米的山地，这些地方的气候通常较为凉爽，昼夜温差大。其最适生长温度为昼温 18 ~ 26℃，夜温 8 ~ 18℃。如果夏季温度高于 28℃，会出现热衰竭的病害。喜光照，通常具有较长的捕虫笼，且颜色较为鲜艳，以适应高山环境中的昆虫种类。花期通常在 4—5 月，果期通常在 8—12 月，全年无休眠期。常见的有劳氏猪笼草（*N. lowii*）、豹斑猪笼草（*N.burbidgeae*）、马桶猪笼草（*N. jamban*）等。

2. 中地猪笼草

中地猪笼草生长在海拔 500 ~ 1500 米的地区，这些地区的气候和环境条件相对较为温和。它们通常具有较强的适应性和生命力，是较为容易栽培的猪笼草种类。常见的有二齿猪笼草、风铃猪笼草（*N. campanulata*）等。

3. 低地猪笼草

低地猪笼草主要生长在海拔低于 500 米的地区，如沼泽、湿地等湿润环境。这些地区的气候通常较为温暖，降雨充沛。其最适生长温度为昼温 24 ~ 35℃，夜温 16 ~ 25℃。冬季温度低于 15℃会出现寒害和冻伤。低地猪笼草喜光、喜湿，捕虫笼通常较短且较宽，颜色较为暗淡，以适应低地环境中的昆虫种类。6—7 月生长旺盛，10—11 月一些品种会抽出花梗。莱佛士猪笼草（*N. rafflesiana*）和奇异猪笼草是非常受欢迎的低地猪笼草。

第三节 猪笼草的捕虫方式

猪笼草属于陷阱型食虫植物，其捕虫方式是一种集物理、化学和生物学于一体的精妙设计，非常独特且高效。

猪笼草的叶片、茎秆和捕虫笼内壁都可以分泌蜜汁来吸引昆虫。这些蜜汁散发出香甜的气味，对昆虫来说具有极大的诱惑力，吸引它们接近猪笼草的捕虫笼。捕虫笼独特的形状和鲜艳的颜色酷似花朵，笼口边缘十分光滑，这种设计使得昆虫能够轻易地爬进捕虫笼，但一旦滑入，便很难爬出来。更为巧妙的是，捕虫笼的内壁能分泌出香甜的蜜汁，这种蜜汁不仅是猪笼草吸引昆虫的主要手段，还能够使昆虫在享受美味的同时逐渐麻痹。当昆虫落入捕虫笼内部时，便如同落入了陷阱，捕虫笼的内壁非常光滑，笼底的消化液具有强大的消化能力，能够迅速分解并吸收昆虫的身体组织，将昆虫转化为猪笼草生长发育所需的营养。

猪笼草捕食的昆虫类型相当广泛，主要有蚂蚁、苍蝇、蚊子等飞行或爬行的小型昆虫。这些昆虫被猪笼草散发的香甜气味吸引，进而被其捕虫笼所捕获。此外，有些猪笼草甚至能够偶尔捕食小型哺乳动物或爬行动物，可见其捕食能力的多样性和独特性。

第四节　猪笼草的繁殖方法

一、播种繁殖

猪笼草是严格的雌雄异株植物，在雌株花开时可进行人工授粉。授粉时，使用毛笔将雄花的花粉轻轻扫到雌花的柱头上，确保花粉能够均匀且有效地附着在柱头上。授粉成功后，种子会经历十分漫长的成熟过程，蒴果会在生长约一年后成熟并自动裂开，弹出种子。

播种基质可选择无肥泥炭土或水苔搭配颗粒土。播种时，将种子撒在湿润基质表面即可，注意根据猪笼草品种及类型精确控制温度。另外，猪笼草种子萌发需要湿润的环境，空气湿度最好维持在 60% ~ 90%，可将播种穴盘用透明保鲜膜包裹，但是要留有透风口，置于正常光照下。

猪笼草的种子一般在播种 1 个月后就可观察到萌发幼芽，但是也存在部分品种种子萌发时间较长，几个月后才能萌发。

二、扦插繁殖

春季是猪笼草扦插繁殖的最佳季节，可选取带有芽点的枝条进行扦插。每根枝条上一般带有 2 ~ 3 个芽点，剪掉多余叶片，防止叶片蒸腾失水和消耗过多养分，但注意不要完全剪掉，可适当保留枝条上端叶片（1 ~ 2 片即可）。在切枝时，尽量保持切口平整，用比较锋利的剪刀以垂直方向切断。切口可以使用多菌灵浸泡消毒后蘸取生根粉进行扦插。

为避免枝条被细菌或真菌感染，扦插的基质一定要干净卫生。可以使用水

苔或无肥泥炭土配合颗粒土作为基质。将处理好的枝条插入基质，尽量保证芽点露出基质。培养温度依品种不同而各异，保持 60% ~ 90% 的空气湿度，置于正常光下生长。

以红瓶猪笼草茎段扦插为例。在扦插于土壤基质后置于 24℃、空气湿度 70%、光照 10000 lx 的生长温室中，15 天新芽会抽出，新芽生长十分迅速，50 天后可将芽取下蘸取生根粉进行生根培养，根系生长后便可移栽。对比红瓶猪笼草在水苔和土壤基质中的扦插效果，土壤基质更佳，芽点萌发更快且避免了潮湿环境带来的真菌感染问题。

猪笼草在土壤基质中的扦插

猪笼草在水苔中的扦插

三、组织培养

猪笼草组织培养研究近年来取得了显著的进展。组织培养技术不仅可以满足产业化对猪笼草种苗的需求，还能起到保护野生资源的作用，带来巨大的经济效益和生态效益。

在猪笼草组织培养的过程中，外植体的选择与处理是关键步骤。常用的外植体包括顶芽、带侧芽的茎段、幼叶、茎尖等。这些外植体在自来水下冲洗干净后，经过消毒处理，接种到含有适当激素和营养成分的培养基中，一般情况下经启动培养基萌生出新芽后进行继代增殖培养，最后进行根系的诱导培养。设置培养基 pH 值 ≈ 6.0，培养条件为温度 25 ± 2° C、光照强度 800 ~ 1000 lx、光周期为 14 小时光照 /10 小时黑暗，可实现短期内获得大量性状统一的猪笼草幼苗的目标。

以红瓶猪笼草为例。将茎段作为外植体，0.1% 氯化汞消毒 10 分钟后接种于启动培养基上，7 天可以观察到腋芽发育膨胀，抽出嫩绿色的叶片，这个过程相对扦插繁殖来说大大缩短。30 天左右，腋芽已经长成 3 厘米的幼芽，此时便可将幼芽切下进行增殖培养，增殖培养基中的幼芽在培养 20 天后，便可明显地观察到芽基部萌生出 1 ~ 3 棵新芽，待新芽长大后，切离母体进行生根培养。猪笼草的根系脆弱且不发达，因此生根时间较长，30 天左右根系可以达到移栽的要求。炼苗 2 天后，便可将红瓶猪笼草组培苗洗净根系培养基后栽种到土壤基质中，移栽后最重要的是保证空气湿度。

红瓶猪笼草腋芽启动培养 7 天后　　　　红瓶猪笼草腋芽启动培养 30 天后

红瓶猪笼草增殖培养 30 天后　　　　　　　　红瓶猪笼草生根培养

表 3–1　猪笼草的组织培养配方

品种及外植体	培养基名称	培养基配方
'黛瑞安娜'猪笼草（*Nepenthes* 'Dyeriana'）茎段	启动培养基	1/2MS ＋ 1 mg/L 6–BA ＋ 0.05 mg/L NAA+30 g/L 蔗糖 +7 mg/L 琼脂
	继代培养基	1/2MS+2 mg/L 6–BA+0.1 mg/L NAA +30 g/L 蔗糖 + 7 mg/L 琼脂
	生根培养基	1/2MS +0.1 mg/L 6–BA +0.5 mg/L NAA+30 g/L 蔗糖 + 7 mg/L 琼脂
奇异猪笼草茎段	启动培养基	MS+1 mg/L 6–BA+0.5 mg/L NAA+10 g/L 椰乳（CM）+ 30 g/L 蔗糖 +7 mg/L 琼脂
	继代培养基	1/2MS+1 mg/L 6–BA+0.1 mg/L NAA +30 g/L 蔗糖 + 7 mg/L 琼脂
	生根培养基	1/2MS +0.5 mg/L IBA +1.5 mg/L NAA+30 g/L 蔗糖 + 7 mg/L 琼脂
翼状猪笼草茎段、茎尖	启动培养基	MS+3 mg/L 6–BA ＋ 0.1 mg/L NAA +50 mg/L 维生素 C（Vc）+30 g/L 蔗糖 +7 mg/L 琼脂
	继代培养基	1/8MS+0.05 mg/L 6–BA + 0.1 mg/L IAA+30 g/L 蔗糖 + 7 mg/L 琼脂
	生根培养基	1/4MS+0.2 mg/L NAA +0.5 mg/L IAA +500 mg/L 活性炭 +30 g/L 蔗糖 +7 mg/L 琼脂

续表

品种及外植体	培养基名称	培养基配方
'盖亚'猪笼草 （*Nepenthes* 'Gaya'） 顶芽	诱导培养基	1/2MS+0.8 mg/L 6–BA+0.3 mg/ LNAA+30 g/L 蔗糖 + 7 mg/L 琼脂
	增殖培养基	1/8MS+0.1 mg/L 6–BA+0.01 mg/L IAA+30 g/L 蔗糖 + 7 mg/L 琼脂
	生根培养基	1/2MS+1 mg/L IBA+0.1 mg/L NAA+30 g/L 蔗糖 + 7 mg/L 琼脂
红瓶猪笼草 茎段	启动培养基	1/2MS+2 mg/L 6–BA +0.1mg/L NAA +1g/L 活性炭 + 30g/L 蔗糖 +8g/L 琼脂
	继代培养基	1/2MS+1 mg/L 6–BA+0.1 mg/L NAA +30 g/L 蔗糖 + 8 g/L 琼脂
	生根培养基	1/4MS +0.6 mg/L IBA +30 g/L 蔗糖 +8 g/L 琼脂

第五节　猪笼草的栽培技术

猪笼草分布广泛、品种众多，无论是高地猪笼草、中地猪笼草或是低地猪笼草在栽培条件上除了对温度的要求存在差异，其他条件大同小异。当然，存在个别的品种对栽培条件的要求十分严苛，但是对大多数品种而言，对光照、湿度、基质、水质、肥料没有千差万别的需求。温室栽培猪笼草时，需要的栽植工具有园艺铲、方盆、托盘、托盘透明罩、枝剪等。

一、基质

猪笼草有各种类型的栖息环境，有些生长在泥炭沼泽地，有些生长在石灰岩地，要保证其正常的生长需求，最好选择能够保持湿润和排水良好的土壤。猪笼草栽培基质的选择主要围绕无肥和酸性两大特点。常用的基质材料有无肥泥炭土、水苔、椰子纤维，以及颗粒石等。颗粒石有珍珠岩、兰石、浮石等，其中大多为偏酸性基质，生长基质 pH 值控制在 5.0 ～ 6.0 即可。基质可单独使用颗粒土，也可使用无肥泥炭土 / 水苔：颗粒土 =1 ：1 的混合基质。其中水苔：浮石 =1 ：1 的混合基质适用于生长在石灰岩地的猪笼草。

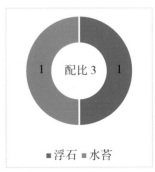

猪笼草常用的栽培基质配比

二、温度

不同类型的猪笼草对栽培温度的要求存在一些差异。高地猪笼草适合在昼温 18 ~ 26℃、夜温 8 ~ 18℃的温度下生长，夏季高温时需要注意降温。中地猪笼草及低地猪笼草适合在昼温 24 ~ 35℃、夜温 16 ~ 25℃的条件下生长，冬季温度不得低于 15℃，否则会停止生长，10℃以下时，叶片边缘会遭受冻害。

三、光照

猪笼草需要充足的阳光，但也不能在强烈的阳光下暴晒。一般情况下，每天需要 4 ~ 6 小时的阳光照射，光照强度要求 10000 ~ 20000 lx。温室栽培时，夏季炎热的午后可以加盖一层遮阳网，防止猪笼草叶片及捕虫笼受到阳光灼烧萎蔫，并且阻止基质吸热而灼伤根茎。在保证猪笼草光照充足的同时，要增加空气湿度并做好通风处理。

四、给水

猪笼草的生长时期需要保持土壤湿润，但不能过度浇水，不要让盆底浸泡在水里，以免引起根部腐烂。它们对水分及空气湿度的反应比较敏感，在高湿条件下才能正常生长发育。生长期需经常喷水来保持空气湿度，每天需 2 ~ 5 次。此外，猪笼草对水质的要求颇高，使用纯净水浇灌最佳，雨水或低矿物质浓度的水浇灌亦可，但注意避免使用含有盐分的自来水进行浇灌。

五、给肥

由于猪笼草通常能自行捕食昆虫转化养分，因此在栽培过程中可以不施用肥料。生长期间可以适量施肥，但不能过度施肥。一般情况下，生长期每月施一次液体肥料即可。可以选择在春季和秋季进行施肥，因为这两个季节是猪笼草的生长旺季，肥料容易被吸收利用。夏季高温和冬季寒冷时，猪笼草的生长

速度会放缓，此时应避免施肥。猪笼草根部对肥料的吸收能力相对较弱，叶面施肥可以直接为植株提供养分。可将鱼粉、蚕蛹粉等有机肥料充分稀释喷洒在猪笼草叶面，其中富含氮、磷、钾等营养元素，对猪笼草的生长有益，花多多1 号及花宝 2 号等也可用于猪笼草的叶面给肥。

表 3-2　猪笼草温室栽培条件

时期	生长期（整年生长）
基质	无肥、酸性（pH 值 5.0 ～ 6.0）
温度	生长温度 10 ～ 35℃，不同类型对温度需求不同
水分	保持土壤湿润，避免积水
光照	4 ～ 6 小时光照，避免暴晒，光照强度 10000 ～ 20000 lx
肥料	可叶面施薄肥，春、秋季施肥最佳

猪笼草悬挂种植模式

第六节　猪笼草的常见病虫害

一、冻伤病

猪笼草冻伤病的症状主要表现在叶片和生长状态上。当遭受寒害时，其叶片会出现明显的变化，如颜色变深、出现斑点或枯萎等。此外，寒害还可能导致猪笼草的生长速度减缓，甚至停止生长。栽培过程中，在冬季来临之前应做好保温工作，避免冻伤的发生。

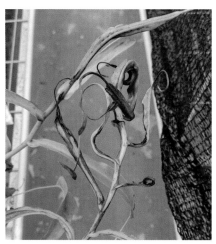

冻伤病

二、日灼病

猪笼草日灼病的症状主要表现为叶片或其他部分泛黄变褐，新叶变黑坏死，

或者叶缘变褐后卷曲或坏死。这与真菌侵染的病斑相似，最关键的识别标志是病斑上并无病原菌的存在。为了预防和减轻日灼病的影响，可采取一些综合防治措施，如及时浇水喷水，注意氮、磷、钾和有机肥的均衡供应，重视通风等。如果猪笼草已经出现了日灼病的症状，应及时调整其生长环境，避免过度暴露在高温和强光下，以利于植株恢复健康。

三、真菌感染

叶斑病是猪笼草常见的一种真菌感染，通常高发于高温高湿环境中。发病后，猪笼草的叶片上会出现许多斑点，病株局部会产生黑色的霉层，并逐渐破裂，危害植株的生长及降低观赏价值。为防治叶斑病，应合理养护，减少机械损伤，提高植株的抗病能力。发病时，可以喷施充分稀释的40%百菌清溶液进行杀菌。

根腐病是另一种猪笼草常见的真菌感染，主要由镰刀菌侵入所致，发病初期只会引起植株伤口腐烂，逐渐严重后会侵害整个植株。低温或浇水过多都会诱发此病。发病初期，要及时喷施药剂，可以将立枯净、根腐灵等药物用清水稀释喷洒治疗。若发病严重，可将远离伤口且未感染的茎段切下扦插生根。

四、常见虫害

蚜虫和蓟马是猪笼草常见的虫害，它们主要以吸食猪笼草的汁液为生。蓟马会导致叶片和嫩梢变硬、卷曲和枯萎，叶面上出现密集的小白点或长条状斑块，嫩梢节间变短，生长缓慢。此外，蓟马还能传播病毒，对植物健康构成严重威胁。蚜虫则会导致猪笼草叶片及茎秆出现小黄点或黏液。蚜虫虽然不会像蓟马那样造成明显的物理损伤，但会导致植物整体生长受阻。防治虫害，可以在温室内悬挂粘虫纸诱杀成虫，也可在发生初期使用联苯菊酯或啶虫脒等喷雾防治。

第四章

捕 蝇 草

第一节　捕蝇草的常见品种及分布

一、常见品种

捕蝇草属于茅膏菜科，全属仅 1 个原种，即捕蝇草，但有较多的杂交变种，深受园艺学者们的喜爱。

【杂交种】

'男爵'捕蝇草（D. 'Wacky Traps'）、'齿状'捕蝇草（D. 'Hamihaton'）、'B52'捕蝇草（D. 'B52'）、'异形'捕蝇草（D. 'Alien'）、'贝壳'捕蝇草（D. 'Coquillage'）、'旋律鲨鱼'捕蝇草（D. 'Korean Melody Shark'）、'美人齿'捕蝇草（D. 'Fine Tooth × Red'）、'海神'捕蝇草（D. 'Triton'）、'天使之翼'捕蝇草（D. 'Angel Wings'）、'德库拉'捕蝇草（D. 'Dracula'）等。

二、分布情况

捕蝇草原产于美国北卡罗来纳州和南卡罗来纳州的大西洋沿岸地区。长期以来，由于人类的活动导致其栖息地受到破坏，原生捕蝇草的数量大幅减少。后来，当地政府相关政策的及时出台保护了捕蝇草的原始生境，甚至成功使其种群拓展到佛罗里达州、加利福尼亚州和新泽西州的沼泽和潮湿地带。

由于捕蝇草产地处于大西洋沿岸，温暖湿润的气候为其生长提供了理想的条件。夏季白天温度约 30℃，极少超过 35℃，昼夜温差约为 10℃，冬季最低温度约为 0℃，这样的气候条件使得捕蝇草能够在全年保持稳定的生长状态。

第二节　捕蝇草的形态特征及生长习性

一、形态特征

捕蝇草为多年生草本植物，鳞茎匍匐，少量须根很不发达，叶基生莲座状排列，株高 10 ~ 30 厘米。

【叶片】

捕蝇草基部叶基生，茎生叶互生，叶长 10 厘米左右。叶由两部分组成，上部长有一个捕虫夹，下部靠近茎的部分为楔形的叶柄。叶柄形状扁平如叶片，所以也称作假叶。捕蝇草的叶片由于消化腺体的色素影响颜色非常丰富，主要有橙色、红色或紫色。这种色素不仅使得捕蝇草看起来更加鲜艳，还与捕捉昆虫的功能相辅相成。捕蝇草的叶柄末端带有一个捕虫夹，呈弯月形或扇形，基部呈凹形，分为两半，边缘及叶面具有无柄腺，能够分泌消化液，叶缘中间有3 根感应毛对刺激反应灵敏，这是它捕捉昆虫的关键部分。这种特殊的叶片，既具有捕捉昆虫的功能，又有着与众不同的形态，因此被归为变态叶中的捕虫叶。

【茎】

捕蝇草的茎短小，且与叶柄的连接并不明显，这种特性与其生长环境和生存策略密切相关。捕蝇草通常生长在营养贫瘠的土壤中，可利用的资源有限，较短小的茎有助于减少植物对支撑结构的需求，使其能够专注于捕捉昆虫和进行光合作用。另外，捕蝇草在生长过程中会发育出鳞茎，鳞茎属于演化形成的一种变态茎，可以保证其在不利的环境条件下生存和繁衍。

【花序】

捕蝇草为总状花序，花 5 ~ 10 朵生于 30 厘米高的花葶上，小花为白色。花瓣 5 枚，狭长倒卵形，较萼片长，具有纵纹。萼片 5 个，基部联合，卵形，有不整齐的缘齿，边缘有腺毛。雄蕊 5 枚，花丝细长，花药成熟时间早于雌蕊，避免自花授粉。雌蕊 1 枚，子房上位，1 室。花柱 3 个，指状 4 裂。

【果】

蒴果卵形。种子黑色椭圆形、细小、有纵纹。

【根】

捕蝇草的根为白色，质地脆易受损，但是长度与其他食虫植物相比较长，可以深扎入土壤中。

'美人齿'捕蝇草

'美人齿'捕蝇草的花

二、生长习性

捕蝇草原产于北美洲，主要生长在半稀树草原的沼泽、湿地周围。相对于其他食虫植物来说，原生种分布较为集中，因此生长习性差异不大。捕蝇草原产地气候类型为亚热带气候，夏季炎热多雨，昼温 25 ~ 35℃，夜温 15 ~ 25℃，冬季寒冷干燥，最低温度约为 0℃。

春季，随着温度的升高，捕蝇草在2—4月从休眠中苏醒，新生出的幼叶往往在形态上明显大于休眠叶，叶柄宽大，捕虫夹嫩绿强壮。4—6月生长叶逐渐长满一圈后，中心叶片缝隙中开始抽出花葶，花葶的发育抑制了叶片的生长，此时一般不再长新叶，5—7月达到盛花期。此后，开过花的花葶枯萎，开始生长直立叶。夏季下部细长的叶片向空中伸展，十分茂盛。随着9—11月气温的下降，日照时间的缩短，夏季的直立叶已经逐步枯萎，秋季生长的叶片短小且紧贴着地面生长。11月起，当气温下降到10℃以下时，捕蝇草进入休眠期，此时大部分叶片会枯萎，只剩下中心很小的休眠叶，若温度降到0℃以下，所有叶片全部枯萎，以地下鳞茎的方式避寒越冬。

夏季捕蝇草进入旺盛生长期（昆明）

第三节　捕蝇草的捕虫方式

捕蝇草属于机械型食虫植物，其捕虫夹是一个功能强大的捕虫工具，连达尔文都称其为"世界最奇妙的植物之一"。

捕虫夹边缘的刺状毛和内侧的感觉毛是捕蝇草捕获昆虫的关键部件。这些毛不仅具有感知外界刺激的功能，还能在触发闭合反应时起到固定昆虫的作用。夹子内侧分泌的蜜汁和鲜红的颜色是吸引昆虫的诱饵，使昆虫在不知不觉中踏入陷阱。

当昆虫触动捕虫夹的感觉毛时，捕蝇草能够迅速识别并做出反应。这种反应的触发机制十分敏感，确保了捕蝇草能够在最佳时机捕获昆虫。一旦触发闭合反应，捕虫夹会以 0.1 秒的速度闭合，将昆虫牢牢夹住。此时，夹子两边的刺毛交叉相扣，形成了一个坚固的牢笼，使昆虫无法逃脱。遭受惊吓的昆虫会试图挣扎，但捕虫夹的闭合力会随着昆虫的挣扎而增强，确保其无法逃脱。同时，捕虫夹内壁的腺体开始分泌消化液，将昆虫浸泡在液体中使其窒息并将其分解，转化为捕蝇草所需的营养。整个过程需要 1 ~ 2 周。当昆虫被完全消化吸收后，捕虫夹会再次打开，准备迎接下一个猎物。

捕虫夹的闭合机制展示了一种高效的刺激 - 反应过程。捕虫夹的闭合不是随意的，而是需要特定的碰触作为触发条件。当昆虫或其他物体触动这些感觉毛时，它们就像杠杆一样压迫位于感觉毛基部的感觉细胞。感觉细胞会迅速产生电荷信号，并将信号传递给捕虫夹的叶面组织。电荷在叶面组织内聚集，但此时还不足以激发捕虫夹的闭合。只有在 2 ~ 25 秒内触动其中一根感觉毛两次或者触动两根感觉毛时，达到一定的电荷量阈值，才能触发捕虫夹的闭合反应。一旦电荷量达到阈值，夹子内侧的细胞液会迅速流向外侧，导致夹子内侧收缩变小，外侧膨胀变大，促使夹子翻转向内侧弯曲闭合。这种阈值机制确保了捕虫夹不会对轻微的触碰做出反应，从而提高了其捕获猎物的准确性。

捕虫夹的闭合速度与外界温度有着较大关系。温度越高，闭合速度越快，所以夏季捕虫夹的闭合速度会比其他季节快，而冬季休眠时则基本失去了闭合能力。此外，捕虫夹可以明确地分辨食物与非食物，同一个捕虫夹也并非可以一直捕虫，一般捕虫 3～4 次后便失去了捕虫能力。未捕虫时，捕虫夹开合 20 多次后也将失去捕虫能力，逐渐枯萎，被新的捕虫夹代替。

捕蝇草主要捕食小型昆虫，如双翅目、半翅目、蜘蛛目等，偶尔也捕食一些小动物。具体来说，蜜蜂、苍蝇、蚊子、小飞蛾、螳螂、蚱蜢，甚至青蛙都可能成为它的食物。

a、b 捕食有翅蚜虫　c、d 捕食蜘蛛

捕蝇草捕食昆虫

第四节　捕蝇草的繁殖方法

捕蝇草的繁殖方法主要有：播种繁殖、扦插繁殖和组织培养。若需要短时间内实现捕蝇草的大量繁殖，可以选择组织培养的方式。

一、播种繁殖

捕蝇草种子的采收和保存非常关键。采收的种子应尽快播种，因为存放时间越久，其发芽率越低。通常，种子的保存时间不宜超过 6 个月。播种时，直接将种子撒在基质表面，可以不覆盖基质，或者覆盖一层薄薄的基质，以帮助固定新生的根系。同时，保持高湿度和明亮的光线环境对于种子的发芽至关重要。盆底可以放置水盘以保持湿度。播种后，需要耐心等待 1 个月左右，种子就会发芽。捕蝇草小苗的生长速度相对较慢，通常需要种植 3 ~ 5 年才能长为成株。

二、扦插繁殖

捕蝇草的扦插繁殖主要包括叶片扦插法和茎段扦插法。春末到夏初，捕蝇草生长旺盛的季节，可将其捕虫夹连同白色的叶柄基部一起剥下，选择带有白色鳞茎的叶片进行扦插，以提高叶插的成活率。将捕蝇草叶片平铺在容器里的基质上，叶面朝上，用保鲜膜或塑料袋将容器罩起来，以保持高湿度。在接下来的数周内，保持容器内的基质潮湿，并将其放置在明亮但不直接照射阳光的位置。数周后，老叶枯萎，新叶萌发，表示扦插成功。

茎段扦插法与叶片扦插法十分相似。选择健康的捕蝇草茎段，确保茎段上至少有一片完整的叶片。将茎段切割成 3 ~ 5 厘米长的小段，并去除底部的叶片，只留下顶端的一两片叶片。将茎段插入适合捕蝇草生长的土壤中，确保叶片露出土壤表面。保持土壤湿润，并提供充足的阳光，不久后便可观察到新芽的萌发。

　　以'美人齿'捕蝇草叶片扦插繁殖为例。将其叶片扦插于水苔后置于24℃、空气湿度 70%、光照 5000 lx 的生长温室中，20 天左右就能观察到'美人齿'捕蝇草长出明显的芽点，待 50 天后长出 2 ~ 3 片叶片时，便可移栽定植。

捕蝇草叶插繁殖

三、组织培养

　　捕蝇草的组织培养是一种高效的繁殖方法，可以实现捕蝇草的大量繁殖。通常情况下，从健康的捕蝇草植株上选择适合培养的组织，如种子、叶盘或茎段，对这些材料进行严格的消毒处理，消除可能存在的细菌、真菌或病毒。将消毒后的组织放置在含有基础培养基的培养皿中，培养基中通常还添加了植物

生长调节剂，如细胞分裂素和生长素，来刺激细胞的分裂和分化。在初始培养阶段后，组织会开始生长并分化成愈伤组织或不定芽。这些愈伤组织或不定芽可以进一步通过继代培养进行扩增，即将它们转移到新的培养基中继续生长和分化。当培养的组织长出足够的根系时，就可以将其从培养基中取出，移栽到适宜的土壤中。在这个阶段，需要特别注意保持适宜的湿度和光照，以促进植株的健康成长。通常情况下，半固体培养基 pH 值调至 5.0 左右，培养条件为温度 25 ± 2° C、光照强度 800 ~ 1000 lx、光周期为 14 小时光照 /10 小时黑暗。

表 4-1　捕蝇草的组织培养配方

品种及外植体	培养基名称	培养基配方
捕蝇草叶片	丛芽诱导培养基	1/2MS+2 mg/L 6–BA+10% 肉汁 +0.2% 活性炭 +30 g/L 蔗糖 +5 g/L 琼脂
	继代增殖培养基	1/2MS+1 mg/L 6–BA+0.3 mg/L NAA+10% 肉汁 +0.2% 活性炭 +30 g/L 蔗糖 +5 g/L 琼脂
	生根培养基	1/2MS +0.3 mg/L NAA+10% 肉汁 +0.2% 活性炭 +30 g/L 蔗糖 +5 g/L 琼脂
捕蝇草嫩芽	愈伤诱导培养基	1/2MS+2 mg/L 6–BA+30 g/L 蔗糖 +7 g/L 琼脂
	愈伤分化培养基	1/2MS+2 mg/L 6–BA+0.1 mg/L NAA +30 g/L 蔗糖 +7 g/L 琼脂
	生根培养基	1/2MS +0.5 mg/L NAA+30 g/L 蔗糖 +7 g/L 琼脂
捕蝇草花序	愈伤诱导培养基	1/2MS+1 mg/L 6–BA+0.1 mg/L NAA +30 g/L 蔗糖 +7 g/L 琼脂
	愈伤分化培养基	MS+0.5 mg/L 2, 4–D+0.5 mg/L 6–BA +30 g/L 蔗糖 +7 g/L 琼脂
	生根培养基	1/2MS +0.1 mg/L NAA +0.2% 活性炭 +30 g/L 蔗糖 +5 g/L 琼脂
捕蝇草种子	愈伤诱导培养基	MS+1 mg/L 6–BA+30 g/L 蔗糖 +7.5 mg/L 琼脂
	扩繁培养基	1/2MS+0.03 mg/L 异戊烯基腺嘌呤（2ip）+0.01 mg/L IAA+30 g/L 蔗糖 +7.5 mg/L 琼脂
	生根培养基	1/8MS+0.03 mg/L IAA+ 0.2% 活性炭 +30 g/L 蔗糖 +7.5 mg/L 琼脂

第五节 捕蝇草的栽培技术

捕蝇草分布在亚热带地区，喜夏季炎热、冬季寒冷的气候，适宜生长在湿润的泥土中，酸性的基质和充足的光照是捕蝇草栽培成功的关键。在捕蝇草的温室栽培中需要用到的工具有园艺铲、方盆、托盘、托盘透明罩等。栽培容器选择透水的塑料方盆，方盆置于园艺托盘中。

一、基质

捕蝇草对基质的要求比较苛刻，要有良好的保水性且呈酸性甚至强酸性。基质 pH 值应维持在 3.0 ~ 5.0。可以选择纯水苔，也可以选择 2 份无肥泥炭土加 1 份珍珠岩或粗沙（如石英砂、河沙等）的混合基质。另外，使用 1 份无肥泥炭土和 1 份珍珠岩或粗沙的混合基质也可以满足捕蝇草生长所需。在种植过程中，应将捕蝇草白色的鳞茎部分完全埋入基质中。基质的更换通常取决于实际使用情况，一般建议每年更换 1 ~ 2 次。最佳的换盆时机是在初春生长前。换盆时，务必将枯叶清理干净，以保持植株的整洁和健康。

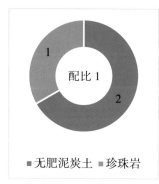 

捕蝇草常用的栽培基质配比

二、温度

捕蝇草对温度的耐受范围较大，通常情况下 –7 ~ 35℃的范围内捕蝇草便可存活，然而，这并不意味着它在这个范围内的所有温度下都能正常生长。20 ~ 30℃是其生长最适宜的温度范围，也是最佳的栽培温度。当夏季温度超过35℃时，植株容易根茎腐烂。因此，夏季高温时，需要特别注意给植株提供良好的通风和根部降温措施，以及确保充足的光照和较大的昼夜温差，以减少病害的发生。当气温降至10℃以下时，捕蝇草会进入休眠状态。休眠鳞茎具有较强的抗冻能力，可以短时间抵御 –7℃的低温。

三、光照

捕蝇草是一种喜光植物，它的生长和外观与光照条件密切相关。在充足的光照下，捕蝇草的植株会变得更加强壮，捕虫夹也会变得更大，颜色更加鲜艳。夏季高温时，过强的光照可能会对捕蝇草造成伤害。因此，为了避免高温对捕蝇草造成不利影响，可以采取适当的遮阳措施，如加盖遮光率50%的遮阳网。当捕蝇草出现光照不足的情况时，应该逐步加强光照，让其逐渐适应新的光照环境，不要立即为其提供强光照，否则可能会出现晒伤的情况。

四、给水

和其他食虫植物一样，捕蝇草不喜欢富含矿物质的水。如果长期使用富含矿物质的水浇灌，会对其生长发育造成不利影响，具体表现为植株停止生长或变小，夹子、叶子边缘和顶芽出现枯萎现象。雨水或纯净水等低矿物质浓度的水是浇灌捕蝇草的首选。另外，捕蝇草喜湿不耐干，生长季节需保持基质较高湿度但不能积水，休眠期也要保证基质绝对不能干透，除日常浇水之外也可使用低水位盆浸法种植。至于空气湿度，捕蝇草一般要求保持在50%以上，无须特别加湿。

🌱 五、给肥

捕蝇草在生长季节需要施肥。冬季，捕蝇草通常会停止生长，此时不应施肥，以免对其造成伤害。捕蝇草对肥料的需求适中，不需频繁施肥，一般每月施肥一次即可。在生长旺盛的时期，可以适当增加施肥次数，但要注意控制施肥量，避免过量。捕蝇草的根系比较脆弱，在施肥时应尽量远离根部。可以将肥料稀释后，沿着花盆的边缘缓慢浇入，或者采用叶面施肥的方式。叶面施肥时，浓度应控制在适当的范围内，一般使用浓度在3000倍左右的复合肥喷施。

表 4-2　捕蝇草温室栽培条件

时期	生长期	休眠期
基质	无肥、酸性（pH 值 3.0 ~ 5.0）	
温度	生长温度 –7 ~ 35℃，最适温度 20 ~ 30℃	10℃以下
水分	保持土壤湿润，空气湿度 50% 以上	土壤湿润，不积水
光照	阳光直射	
肥料	可叶面施薄肥，生长期施肥最佳	
繁殖	春、秋两季是最佳的扦插时期	不宜繁殖

第六节　捕蝇草的常见病虫害

一、真菌感染

如果生活环境欠佳，捕蝇草易受到真菌的侵害，茎腐病、根腐病、炭疽病以及叶斑病都是常见的真菌病害。

捕蝇草的茎腐病主要是由于阴湿和通风不良的环境条件所造成的。一旦发现茎段发黑腐烂，应立即停止浇水，并将腐烂的茎段剪去。接下来，可以使用石硫合剂或高脂膜 500 倍液喷洒来防治茎腐病。此外，如果茎部已有部分腐烂，应立即把腐烂部分彻底清除，然后放入杀菌剂中浸泡 5 分钟，再植入已经消毒过的洁净基质。这样可以防止病菌的进一步扩散，并有助于捕蝇草恢复健康。

根腐病与茎腐病诱因相同：培养环境长时间阴湿不通风，致使基质潮湿而引发。此时，应剪去烂根后转移到干净的基质中。可浇施死苗烂根复活灵 1000 倍液或喷洒稀释过的 25% 络氨铜、根腐宁、福美双等药物予以治疗。

炭疽病以及叶斑病的病灶通常发生在叶片，致病的原因同样是环境高温高湿、通风不及时导致的真菌滋生。真菌感染发生时，要注意将捕蝇草植株间的空隙加大，防止植株间的传染。另外，可以在叶面喷洒药物防治真菌，可用 10% 苯醚甲环唑可湿性粉剂 800 ～ 1000 倍液，或 70% 代森锌可湿性粉剂 500 ～ 800 倍液防治。

二、常见虫害

蚜虫、蓟马、介壳虫、粉虱、红蜘蛛、线虫等都是以捕蝇草鲜嫩叶片为食的害虫。害虫的啃食导致捕蝇草叶片畸形，严重影响其正常的生长发育。栽培过程中要及时预防，例如选择基质时提前进行高温灭菌或者进行干燥杀除虫卵，定期对温室及苗床进行清洁，避免杂草丛生，适当在温室中悬挂粘虫板等。一旦发现蚜虫、粉虱或者蓟马，可叶面喷洒 90% 万灵可湿性粉剂 1500 ～ 2000 倍液、10% 蚜虱毙 1000 ～ 1500 倍液等。干燥环境下，容易发生红蜘蛛虫害。红蜘蛛一般潜伏在叶片背面，一旦发现红蜘蛛泛滥时可使用 50% 螨得斯、15% 哒螨灵、24% 螨危等稀释后喷洒在叶片背面。另外，增加空气湿度也可以在一定程度上减少红蜘蛛的出现。其他虫害可使用广谱性杀菌剂进行防控和治疗。

采用水苔种植捕蝇草

第五章

茅 膏 菜

第一节　茅膏菜的常见品种及分布

一、常见品种

茅膏菜属隶属于茅膏菜科，共有 250 余种原种，我国有 6 种。其自然杂交种与人工栽培种更是数不胜数。

【原种】

圆叶茅膏菜（*D. rotundifolia*）、爱心茅膏菜（*D. prolifera*）、好望角茅膏菜（*D. capensis*）、叉叶茅膏菜（*D. binata*）、爱丽丝茅膏菜（*D. aliciae*）、亚瑟茅膏菜（*D. arcturi*）、匙叶茅膏菜（*D. spatulata*）、孔雀茅膏菜（*D. paradoxa*）、巢型茅膏菜（*D. nidiformis*）等。

【杂交种】

贝莉茅膏菜（*D × belezeana*）、詹姆斯茅膏菜（*D × sidjamesii*）、阿特科茅膏菜（*D × hybrida*）等。

二、分布情况

茅膏菜在全球的分布相当广泛，原产地涵盖了热带、亚热带和寒温带地区。茅膏菜的分布范围广泛，不仅是因为其强大的适应能力，还与其独特的生态习性有关。它们通常生长在湿润的环境中，如草丛、灌丛、田边、水旁等，这些地方的水分和光照条件都适合其生长。同时，茅膏菜也具有一定的耐寒性，能够在一些较为寒冷的地方生长。

具体来说，除太平洋群岛以外，无论是亚洲、欧洲、非洲还是大洋洲，几乎世界各地均有茅膏菜的踪迹，其中以澳大利亚和南非的数量最多。在中国，茅膏菜大多分布于秦岭淮河以南的多个省份，包括安徽、浙江、湖北、江西、台湾、广东、云南和西藏等地，其中云南、四川西南部、贵州西部和西藏南部是其主要生长地。此外，在北方地区，例如吉林、河南、黑龙江、山东、内蒙古等地也可找到茅膏菜的踪迹。

匙叶茅膏菜

叉叶茅膏菜

第二节 茅膏菜的形态特征及生长习性

一、形态特征

茅膏菜是一种多年生草本植物，也是一种典型的黏液型食虫植物。其形态具有多样性，通常直立生长，有时也呈现攀缘状，大多数高度在 10 ~ 30 厘米。

【叶片】

茅膏菜叶呈莲座状丛生或单叶互生，形状各异，多数为匙形、带形、卵圆形或线形。叶面长有大量红色、绿色或黄色的腺毛，腺毛顶端分泌透明的黏液。

【茎】

多数茅膏菜的茎直立，部分呈攀缘状，地上部分较短，地下部分长 1 ~ 4 厘米。茎无毛，具乳突状黑色腺点。部分茅膏菜具有鳞茎状球茎，球茎直径 1 ~ 8 毫米。

【花序】

茅膏菜是两性花，通常多朵小花着生在花序轴上，排成顶生或腋生的聚伞花序，少数单生于叶腋。小花辐射对称，楔形花瓣 5 枚，分离，具脉纹，颜色多为淡红色、红色，或白色。花萼通常 5 裂至近基部或基部，少数 4 裂或 6 ~ 7 裂，裂片覆瓦状排列，花萼宿存。雄蕊通常 5 枚，与花瓣互生，花丝分离，稀基部合生。花药 2 室，外向，纵裂。雌蕊单一，子房上位，1 室。花柱 3 个，指状 4 裂。

【果】

蒴果室背开裂，长度为 2 ~ 4 毫米。种子多且细小。种子形状为椭圆形、卵形或球形，种皮脉纹加厚成蜂房格状。

【根】

茅膏菜的根系往往比较脆弱，常为球根或须根系。

二、生长习性

茅膏菜属物种众多，原产地分布广泛，依照形态特征和地理分布可将其划分为雨林种群、热带种群、亚热带种群、寒温带种群、球根种群和迷你种群六大类。

1. 雨林种群

雨林茅膏菜主要生长在高温高湿的澳大利亚山区，对气候条件的要求极高。雨林茅膏菜是少见的阴性族群，适合生长于布满苔藓的岩壁和高大的乔木林荫处，对光照的需求不高。一般夏季昼温 28℃ 以下，夜温 12 ～ 20℃ 便可以度夏。10℃ 的高湿环境中可以露地越冬。4—6 月是雨林茅膏菜生长旺盛的时期，也是播种的绝佳时期。高温多湿的 8—9 月最利于雨林茅膏菜的生长，但也是病虫害的高发时期。多年生的雨林茅膏菜生长期贯穿整年，不存在休眠期。常见种类有阿帝露茅膏菜（*D. adelae*）、爱心茅膏菜和叉蕊茅膏菜（*D. schizandra*）等。

2. 热带种群

这类茅膏菜主要分布在新几内亚南部和澳大利亚北部，喜欢高温高湿的生存环境。与雨林茅膏菜不同的是，热带茅膏菜对光照的要求较高，是一种喜光类群。热带茅膏菜中，只有少数真正生活在热带地区，多数属于北领地类群。北领地茅膏菜对环境的要求较高，夏季白天的温度往往须达到 40℃ 以上，夜温在 28℃ 左右，冬季温度最低要在 15℃ 以上才能安全越冬。另外，就算在 40℃ 左右的夏季，热带茅膏菜每天仍需要至少 4 个小时的太阳直射。北领地茅膏菜冬季会有休眠期，通常情况下，9—11 月茅膏菜种子成熟，北部地区的茅膏菜 11 月底便进入休眠期，而南部地区的茅膏菜休眠期开始略晚，常常在 12 月或次年 1 月开始休眠。常见的热带茅膏菜有大肉饼茅膏菜（*D. falconeri*）、细银毛茅膏菜（*D.lanata*）、孔雀茅膏菜等。

3. 亚热带种群

这类茅膏菜原生地环境多变，大多数喜爱在温暖湿润的环境中生长，春、夏两季属于生长期，在冬季温度降低后进入休眠期。南半球亚热带地区的茅膏菜在冬季降雨充沛的时期生长，夏季休眠。花期通常在4—5月。常见的种类有叉叶茅膏菜、汉密尔顿茅膏菜（*D. hamiltonii*）、好望角茅膏菜等。

4. 寒温带种群

这类茅膏菜分布在全世界高纬度地区，喜欢在凉爽的环境中生长。感受到日照时间变短时，寒温带茅膏菜便进入休眠期。在天气严寒的冬季生长速度较慢，形成休眠芽，一般能耐受0℃左右的低温。春季随着温度回升，休眠芽会迅速逐渐恢复，进入旺盛的生长期。常见的种类有丝叶茅膏菜（*D. filiformis*）、长柄茅膏菜（*D. intermedia*）、圆叶茅膏菜（*D. rotundifolia*）。

5. 球根种群

这类茅膏菜大多分布于澳大利亚西南部，生长于地中海型气候。夏季休眠，冬季生长是它们的一大特点。在干燥炎热的夏季来临前，球根茅膏菜以球根的形式躲在土壤中休眠，待多雨凉爽的秋冬季到来，便展现出生机活力。一般10月初茅膏菜球根开始形成，12月至次年2月球根发育成最大体积，4—5月时便进入休眠状态。球根茅膏菜分为三大类，分别为扁球茅膏菜、红根茅膏菜以及匍匐茅膏菜。常见的种类有光萼茅膏菜（*D. peltata*）、硫黄茅膏菜（*D. sulphurea*）、大花茅膏菜（*D.macrantha*）等。

6. 迷你种群

迷你茅膏菜主要分布在澳大利亚和新西兰等地，大多数的体积都非常小。迷你茅膏菜多生活于地中海型气候，夏季炎热干燥、秋季凉爽湿润时进入旺盛的生长期。随着温度的降低，茅膏菜逐渐进入休眠期。迷你茅膏菜以冬芽的形式越冬。根据生长环境的不同冬芽的形状略有差异，生长在海岸或湖泊湿地的迷你茅膏菜冬芽呈扁平形，例如侏儒茅膏菜（*D. pygmaea*）、美丽茅膏菜（*D. pulchella*）等；生长在乔木及灌木丛林地的迷你茅膏菜冬芽呈圆球形，例如胡须茅膏菜（*D. barbigera*）、蝎子茅膏菜（*D. scorpioides*）等。

第三节　茅膏菜的捕虫方式

　　茅膏菜属于黏液型食虫植物，叶片上长有腺毛，这些腺毛能分泌黏液，看上去就像挂满了露珠，晶莹剔透。这些黏液除了能粘黏昆虫，还含有能消化昆虫尸体的消化液。当昆虫被茅膏菜鲜艳的颜色和特殊的挥发物吸引，落在其突出的腺毛上时，茅膏菜便利用黏液把它粘住。随后，每一根腺毛都开始向昆虫弯曲，将它团团围住。接着茅膏菜可以利用含有磷酸酶、核酸酶等物质的消化液分解昆虫的软组织。几天后，它才会重新张开叶片，腺毛重新分泌黏液等待下一个落网的昆虫。

　　茅膏菜捕食的昆虫种类相当丰富，主要包括半翅目及双翅目昆虫，如蚜虫、苍蝇等。单株好望角茅膏菜最多可粘食近 30 只昆虫。但是，当捕获的昆虫数量达到茅膏菜捕虫阈值时，会导致茅膏菜叶片的枯萎和植株的死亡。

a-f 捕食有翅蚜虫　　g、i 捕食水虻

h 捕食蜘蛛

好望角茅膏菜捕食昆虫

第四节 茅膏菜的繁殖方法

茅膏菜的繁殖方法依据其类型的不同而存在差异，播种繁殖、扦插繁殖、冬芽繁殖、组织培养是大部分常见亚热带茅膏菜的繁殖方式。我们以好望角茅膏菜为例，详细介绍其繁殖方法和栽培事项。

一、播种繁殖

大多数亚热带茅膏菜可以自花授粉，开花后会结出许多细小的种子。然而，也有一些特殊品种，如叉叶茅膏菜，需要异花授粉后才能结种。在播种茅膏菜时，可将种子直接撒于吸足水分的水苔基质表面，不用覆盖基质。湿度和光照是影响种子发芽的重要因素，因此要保持高湿度和明亮的光线，温度一般保持在25℃左右较为适宜。

将好望角茅膏菜种子收集后播撒于湿润水苔表面，加盖透明托盘罩保湿，置于明亮光线下，25℃培养。5 ~ 10天便可观察到种子萌发的迹象，35 ~ 40天即可将新生的幼苗移栽定盆，种子萌发率可达到80%。

好望角茅膏菜播种繁殖

二、扦插繁殖

对于大多数茅膏菜品种而言，叶插繁殖是最常用的繁殖方法。扦插时从母株上切下整片叶片，然后斜插或平放于洁净的基质上。在此过程中，保持高湿度和明亮的光线是关键，温度控制在 25℃左右，有助于叶片快速生根并发芽。大约一个月就可以观察到新芽的生长。除了叶插繁殖，一些根、茎粗壮的品种，如叉叶茅膏菜、好望角茅膏菜和孔雀茅膏菜等，可以使用根段或茎段进行扦插繁殖。操作方法和培养条件与叶插相似。

好望角茅膏菜叶片扦插时，将长势强健的叶片平放于水苔之上，控制好温度和湿度，15 天便可清晰地观察到叶片表面及叶柄上有新植株的萌发，40 天后不定芽便可达到移栽的要求。

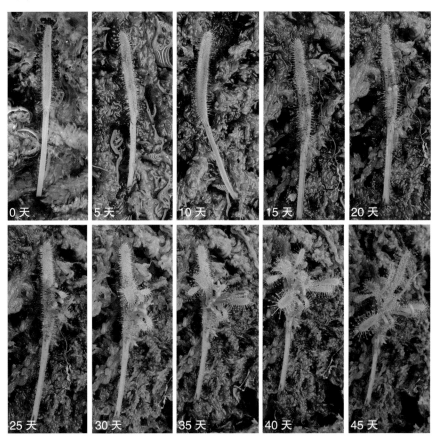

好望角茅膏菜叶插繁殖

 三、冬芽繁殖

亚热带茅膏菜生长期为冷凉的秋季至次年春季，而在夏季炎热高温时进入休眠期，此时在其莲座状叶的中心会长出许多珠芽，这些珠芽俗称冬芽。冬芽成熟后，需要及时采收。由于冬芽不耐保存，因此采收后应立即进行冬芽播种。将冬芽直接放在洁净的基质表面，无须覆盖基质，温度控制在 25℃左右。此时，保持高湿度和明亮的光线对于茅膏菜冬芽的发芽至关重要。在适宜的环境条件下，一般大约两周就可以看到新芽的出现了。

四、组织培养

茅膏菜的组织培养是一种有效的繁殖方法，通过控制培养条件，可以大量繁殖出健康的茅膏菜植株。一般选择茅膏菜的种子、叶片、叶柄等作为外植体。将茅膏菜的外植体消毒后便可接种于人工配置的培养基上。通常情况下，半固体培养基 pH 值调至 6.0 左右，培养条件为温度 25 ± 2°C、光照强度 800 ~ 1000 lx、光周期为 14 小时光照 /10 小时黑暗。

茅膏菜的组织培养可分为两类：一类是通过无菌播种，种子萌发后得到茅膏菜组培苗；另一类是通过将茅膏菜的叶片、叶柄、茎段以及花序作为外植体，通过在培养基中添加激素等物质诱导，实现不定芽的大量再生。

目前已报道的茅膏菜组织培养配方如表 5–1 所示。以好望角茅膏菜的花序、胚轴以及叶片为外植体，通过不定芽的诱导 45 天便可得到大量的新生幼芽，经过 30 天左右的生根培养后便可下地移栽。移栽后的栽培条件与组培条件相同即可保证茅膏菜极高的成活率。

表 5–1　茅膏菜的组织培养配方

品种及外植体	培养基名称	培养基配方
	种子萌发培养基	1/2MS ＋ +30 g/L 葡萄糖 +5.8 mg/L 琼脂
匙叶茅膏菜 种子、根茎	根茎增殖培养基	1/2MS+3 mg/L 6–BA+0.1 mg/L NAA +30 g/L 葡萄糖 +5.8 mg/L 琼脂
	生根培养基	1/2MS +0.2 mg/L IBA+30 g/L 葡萄糖 +5.8mg/L 琼脂

续表

品种及外植体	培养基名称	培养基配方
叉叶茅膏菜花序	愈伤诱导培养基	MS+1 mg/L 6–BA+0.1 mg/L NAA +10 g/L CM+ 30 g/L 葡萄糖 +7 mg/L 琼脂
	愈伤分化培养基	MS+0.5 mg/L 玉米素（ZT）+0.1 mg/L NAA +30 g/L 葡萄糖 +7 mg/L 琼脂
	生根培养基	MS +0.3 mg/L IBA +0.1 mg/L NAA+0.2 g/L 活性炭 + 6 g/L 琼脂 + 15 g/L 蔗糖
圆叶茅膏菜叶片	增殖培养基	1/2MS+0.5 mg/L 激动素（KT）+30 g/L 蔗糖 + 5 mg/L 植物凝胶
	生根培养基	1/2MS +30 g/L 蔗糖 +7 mg/L 琼脂
英国茅膏菜（D. anglica）叶片	再生培养基	1/2MS+0.05 uM 6–BA+0.005 uM NAA+20 g/L 蔗糖 +5 mg/L 琼脂
	生根培养基	1/2MS +20 g/L 蔗糖 +5 mg/L 琼脂
好望角茅膏菜花序、根茎	花序愈伤诱导培养基	MS+0.5 mg/L 6–BA +0.5mg/L KT +0.3g/L 2、4–D+30g/L 蔗糖 +8g/L 琼脂
	根茎愈伤诱导培养基	MS+1.5 mg/L 6–BA +1mg/L KT +0.1g/L 2、4–D+30g/L 蔗糖 +8g/L 琼脂
	愈伤分化培养基	MS+0.05 mg/L KT+0.1 mg/L 赤霉素（GA_3）+ 30 g/L 蔗糖 +8 g/L 琼脂
	生根培养基	1/2MS +0.1 mg/L IBA +30 g/L 蔗糖 +3 g/L 植物凝胶

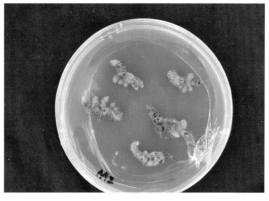

好望角茅膏菜花序愈伤组织诱导

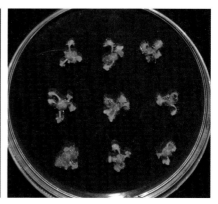

好望角茅膏菜根茎愈伤组织诱导

好望角茅膏菜愈伤组织分化 20 天

好望角茅膏菜愈伤组织分化 30 天

好望角茅膏菜愈伤组织分化 40 天

好望角茅膏菜生根培养

第五节 茅膏菜的栽培技术

茅膏菜种类众多，分布广泛，在不同的地区和环境条件下，生长习性和适应性也有所不同，使茅膏菜成了一个具有丰富生态和遗传多样性的植物类群。在六大类型中，雨林茅膏菜属于阴性种群，热带茅膏菜和寒温带茅膏菜对温度要求颇高，亚热带茅膏菜、球根茅膏菜和迷你茅膏菜属于栽培较为简单的种群。因此，我们以亚热带茅膏菜为例，介绍其温室栽培的注意事项。

温室栽培茅膏菜时，需提前准备好园艺铲、方盆、托盘、透明托盘罩等栽培工具。选择透水的塑料方盆为栽培容器，将方盆放置于托盘中。

一、基质

一般使用的基质有无肥泥炭土、水苔以及各种颗粒土。可以采用无肥泥炭土2份，颗粒土（珍珠岩或河沙）1份的通用配方，这种配比既保证了土壤的保水性和透气性，又使得土壤具有一定的稳定性。此外，纯水苔或纯无肥泥炭土也是可行的选择。水苔具有良好的保水性能，可以为茅膏菜提供稳定的湿度环境，而无肥泥炭土则富含有机质，有利于茅膏菜根部的生长。对于球根种群的茅膏菜，由于其生长特性，建议使用颗粒土进行栽培。颗粒土具有良好的排水性和透气性，可以避免球根因水分过多而腐烂。

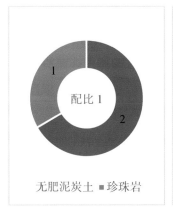

无肥泥炭土 ■珍珠岩　　　■无肥泥炭土 ■河沙

茅膏菜常用的栽培基质配比

🌱 二、温度

茅膏菜在 15 ~ 25℃的环境中生长最为适宜。这个温度范围有助于其保持活跃的生长状态，叶片分泌黏液正常。当温度降至 0℃时，虽然可以承受，但生长可能会受到一定影响。当温度超过 30℃时，多数茅膏菜会进入休眠状态。这是一种自我保护机制，以避免高温对其生长造成不利影响。因此，在夏季高温时，需要注意对茅膏菜进行适当的遮阴和降温处理。

🌱 三、光照

大多数茅膏菜喜欢光照，充足的光照能促进其生长和发育。在光照充足的环境下，茅膏菜的颜色会变得更加鲜艳，更具观赏价值。栽培茅膏菜时，需要平衡光照的需求和防范晒伤的风险。春、秋季，可以让茅膏菜充分接受阳光照射；夏季高温时，需要进行适当的遮阴；冬季或阴雨天气时，需要采取设施补光确保茅膏菜能够接收到足够的光照，以保持其健康生长和呈现鲜艳的颜色。

🌱 四、给水

使用低矿物质浓度的水源对于茅膏菜的生长至关重要。高矿物质含量的水

源可能导致土壤盐碱化，对茅膏菜的生长产生不利影响。因此，在浇水时，应尽量选择纯净水或雨水等低矿物质浓度的水源。在茅膏菜的生长季节，保持基质较高湿度有助于其健康生长，但不宜经常直接喷水在植株上。过于频繁的喷水可能会使腺毛上难以形成黏液，影响正常的捕虫功能。相反，采用盆垫底部供水的方式可以更好地控制湿度，同时避免对腺毛造成损害。此外，茅膏菜在休眠期对湿度的需求会有所不同。此时，应让基质保持一定的干燥度，以防烂根。但也不能让基质完全干透，以免对植株造成伤害。

茅膏菜喜欢较高的空气湿度，一般应保持在 50% 以上。较高的湿度不仅有利于其生长，还能使腺毛正常分泌黏液，更具观赏性。但在高温高湿的夏季，要避免湿度连续几天高于 90%，以免茎叶腐烂，因此应加强通风，降低湿度。

五、给肥

茅膏菜在生长期可以使用通用复合肥等肥料进行叶面喷施。将肥料稀释5000 倍后喷施叶面，以确保肥料浓度适中，以免对植株造成伤害。每月喷施1 ~ 2 次，可以满足茅膏菜在生长季节的养分需求。此外，不建议采用投喂"食物"的方法为茅膏菜提供养分。这不仅可能影响茅膏菜的观赏性，还可能引入不必要的病虫害，对茅膏菜的健康造成威胁。

表 5-2　茅膏菜温室栽培条件

时期	生长期	休眠期
基质	无肥、中性（pH 值 ≈ 6.0）	
温度	生长温度 10 ~ 30℃，最适温度 15 ~ 25℃	30℃以上
水分	保持土壤湿润，空气湿度 50% 以上	土壤湿润，不积水
光照	阳光直射	
肥料	可叶面施薄肥，秋、冬季施肥最佳	
繁殖	春、秋两季是最佳分株和扦插时期	不宜繁殖

第六节　茅膏菜的常见病虫害

一、真菌感染

茅膏菜在生长过程中，若环境湿度高、通风不到位，容易引发茎腐病、白粉病、叶斑病等病害。这些病害一旦发生，会导致茅膏菜的生长力明显减弱，甚至可能使整个植株死亡。当发生真菌感染时，应立即加强通风，去除病害部分，并使用适合的杀菌剂进行治疗。防治真菌感染的一个有效方法是每 1 ~ 2 周喷施一次广谱（通用型）杀菌剂，在喷洒药物时注意将药物稀释到合适的浓度，否则会灼伤茅膏菜叶片。

二、常见虫害

茅膏菜常见的虫害包括蚜虫、蓟马、夜盗虫、红蜘蛛、白粉虱等。这些害虫会啃食茅膏菜幼嫩的芽点，对其生长造成影响。针对主要害虫蚜虫和红蜘蛛，可以利用黄色板、黑光灯等物理方法进行诱杀。黄色板能够吸引蚜虫，而黑光灯则对红蜘蛛有一定的诱杀效果。另外，防治其他害虫可以喷施充分稀释的广谱杀虫剂于茅膏菜叶面及基质上，达到消灭害虫的目的。

第六章

瓶 子 草

第一节 瓶子草的常见品种及分布

一、常见品种

瓶子草属隶属于瓶子草科，全属共 9 种，但亚种、变种以及栽培品种众多。

【原种】

翅状瓶子草（*S. alata*）、白网纹瓶子草（*S. leucophylla*）、小瓶子草（*S. minor*）、绿瓶子草（*S. oreophila*）、鹦鹉瓶子草（*S. psittacina*）、蔷薇瓶子草（*S. rosea*）、黄瓶子草（*S. flava*）、紫瓶子草（*S. purpurea*）、红瓶子草（*S. rubra*）。

【杂交种】

'铠甲'瓶子草（*S.* 'Armour'）、'海角'瓶子草（*S.* 'Cape'）、'菲奥娜'瓶子草（*S.* 'Fiona'）、'米奇'瓶子草（*S.* 'Mich'）、'天鹅绒'瓶子草（*S.* 'Velvet'）、'朱迪思'瓶子草（*S.* 'Judith Hindle'）、'猩红'瓶子草（*S.* 'Scarlet Belle'）、'伊娃'瓶子草（*S.* 'Eva'）等。

二、分布情况

瓶子草主要分布于西欧、北美等地区，尤其在接近北极圈的加拿大拉布拉多半岛到美国东南角的佛罗里达半岛的大西洋沿岸地区分布众多。在美国亚拉巴马州、佐治亚州、密西西比州、得克萨斯州、佛罗里达州、密苏里州等地也都有分布。

瓶子草具有一定的耐寒性，适宜的生长环境需要温暖、潮湿的气候，并且土壤要富含腐殖质，保持一定的酸性。它们通常生长在沼泽、湿地或泥炭地等低洼潮湿的地方，因为这些地方能够为其提供足够的水分和养分。

第二节 瓶子草的形态特征及生长习性

🌱 一、形态特征

瓶子草是一种多年生草本植物，匍匐于地面生长，植株形态差距较大。例如，黄瓶子草整株呈黄绿色，特别高大，是瓶子草属中体形较大的一种，高度可达 1.2 米。紫瓶子草则是瓶子草属里最矮小的品种，其紫色的瓶子很小，大约只有 30 厘米高，颜色鲜艳。

【叶片】

瓶子草叶基生呈莲座状，变态叶则呈瓶状、喇叭状或管状。叶常绿，粗糙，圆筒状，叶中具倒向毛，颜色明艳，多为绿色、黄色、红色。叶片可分为三个部分：瓶盖、唇与瓶口、瓶身。大部分瓶子草的瓶盖会遮盖部分瓶口，避免过多雨水灌入瓶中。瓶盖色彩鲜艳或具有条纹，倒生有毛。瓶子草的唇可以产生大量的蜜糖，起到吸引昆虫的作用。瓶子上端的管口光滑，堆积大量蜡质，有利于使昆虫落入陷阱。瓶身内表面光滑且覆盖大量倒生毛，让昆虫完全失去逃跑的机会。此区还密布消化腺，分泌大量消化液。另外，秋冬季瓶子草会长出剑形的叶。这种叶片没有捕虫囊，主要功能是进行光合作用，制造养分，为植物提供能量。

【茎】

瓶子草具有根状匍匐茎，茎枝通常沿着地表匍匐分枝生长。根状茎一般呈棕色，长度因种类和生长环境而异，通常为 10 ~ 25 厘米。这些根状茎在土壤中延伸，吸收养分和水分，支持植物的生长和发育。此外，瓶子草的匍匐茎还可以发育为独立的植株。

【花序】

瓶子草的花为两性花，可以进行自花授粉或异花授粉。花序从叶基部抽出，为疏松的总状花序。每朵花的花芯结构独特，由1个盔状柱头和3～5室的子房组成。此外，每朵花还有50～80条雄蕊，这些雄蕊围绕着子房和柱头，负责产生花粉并传播给雌蕊。瓶子草的花色多样，通常为霜白色、绿色、黄色或深红色，具有特殊的香气。花萼由4～6片萼片组成，宿存。

【果】

瓶子草的果实是蒴果，内含多数细小的种子。当果实成熟时，会自动开裂并弹出种子，借助风、水或其他媒介传播。

【根】

瓶子草具有须根系，根长而细。

不同品种的瓶子草

二、生长习性

瓶子草属植物多生长在沼泽、湿地中，气候类型为亚热带气候，夏季炎热多雨，昼温25～35℃，夜温15～25℃，冬季寒冷干燥，最低温度甚至低于0℃。瓶子草不怕寒冷，喜欢充足的光照、潮湿的土壤和较低的空气湿度。

瓶子草与捕蝇草一样具有生长季和休眠季之分。10—11月，随着日照时间的缩短和温度的降低，瓶子草叶片开始凋谢，进入休眠期。在这个阶段，植株会长出不具有捕虫功能的休眠叶，也称剑形叶。这是因为冬季寒冷，植物为了保持能量越冬，降低新陈代谢，捕虫功能也暂时停止。瓶子草的休眠期可以长达数月，来年2—3月其顶端开始长出新芽，生长出具有捕虫功能的瓶子状叶片。4—5月，当温度达到瓶子草的最适生长温度（10～20℃）时，其生长旺盛并抽出花葶，花期结束后种子发育成熟，花萼可宿存相当久。6—9月瓶子草长势依旧旺盛，捕虫叶均可正常捕捉昆虫。

此外，瓶子草并不惧怕0℃以下的低温或40°C以上的炎热环境，只要这些极端环境不持续太久，它们都能够正常地进入休眠状态，不会受到伤害。

上海辰山植物园玻璃温室里的瓶子草组合景观

第三节　瓶子草的捕虫方式

瓶子草是一种陷阱型食虫植物，捕虫主要通过其独特的瓶状叶来实现。其瓶状叶会分泌香甜的蜜汁，吸引昆虫。一旦昆虫被吸引并停留在瓶口顶部，可能会试图爬入瓶内，以获取蜜汁。

然而，瓶子草的瓶口边缘非常光滑，并且瓶壁内侧覆盖有大量的倒生毛，这些倒生毛会让昆虫失去平衡并滑落瓶中。一旦昆虫掉入瓶内，会陷入充满消化液的区域。这些消化液含有由瓶壁腺体分泌的蛋白酶，可以溶解昆虫的蛋白质，将其转化为氨基酸类营养物质供植株吸收。

此外，瓶子草在捕捉昆虫时还利用了一种特殊的结构，即瓶状体的盖子。盖子独特的色彩和气味，将昆虫诱引到瓶口处。一旦昆虫进入瓶状体内部，盖子就会和倒生毛一起截断它们的退路，它们只能朝着瓶子的深处不断前进，直至被消化液淹没。

瓶子草捕食的昆虫种类相当广泛。具体来说，它们主要捕食的是小型昆虫，如蜜蜂、苍蝇、蚊子、小飞蛾、螳螂、蚱蜢等。

第四节 瓶子草的繁殖方法

一、扦插繁殖

瓶子草在扦插之前，首先选择生长比较健壮且无病虫害侵扰的枝条作为插穗。基质最好选用洁净且保湿效果好的水苔。如果是进行叶插，应将叶片剪半，剥下插穗基部和小部分的茎段。如果是使用根茎段进行扦插，应切成长约2.5厘米的根茎段，可以在插穗的切口上涂抹多菌灵粉或其他抗菌剂，以防止感染。叶插时，将处理好的叶片斜插入基质，确保插穗稳定。使用根茎段扦插时，将其平放在基质上，然后在上面铺上湿水苔，保持高湿度。将扦插好的瓶子草放置在21～30℃的环境中，确保光线明亮但避免强烈阳光直射。保持基质湿润，但避免过度浇水导致腐烂。1～2个月后，新芽和新叶会长出，此时可将其移植到新的方盆中进行常规管理。

二、分株繁殖

分株繁殖是一种瓶子草常用的繁殖方法，通常在春季进行，特别是3—4月。这时瓶子草的新芽开始活跃生长，是进行分株繁殖的最佳时期。操作前，准备锋利的刀或剪刀、清洁的基质，以确保干净无菌，减少植株受伤和感染的风险。小心地将瓶子草从原盆中挖出，注意避免损伤植株的根系。轻轻抖去多余的土壤，露出植株的根系和侧芽。根据侧芽的生长情况和植株的形态，选择需要剥离的侧芽。用刀或剪刀小心地将侧芽从母株上切割下来，确保切口平整并尽量减少对母株和侧芽的伤害。可以在切口处涂抹适量的多菌灵粉或其他抗菌剂防止感染。将处理好的侧芽栽种到新的方盆中，浇透水，确保土壤充分湿润。将新株放置在光线充足但不被阳光直射的地方。定期检查植株的生长情况，当新株的根系逐渐长成并稳定后，可以将其移到正常环境下进行养护。

以红瓶子草为例，分株后置于 24℃、空气湿度 50%、光照 5000 lx 的生长温室中，30 天就能观察到幼芽发育成正常植株大小。

红瓶子草分株前（左）、后（右）

红瓶子草分株生长过程

🌱 三、组织培养

瓶子草组织培养通常以茎尖、叶片或茎段作为培养材料。将瓶子草组织消毒后接入培养基，可实现短期内大量扩繁。将半固体培养基 pH 值调至 5.0 左右，培养条件为温度 25±2° C、光照强度 800 ~ 1000 lx、光周期为 14 小时光照 /10 小时黑暗。

表 6-1　瓶子草的组织培养配方

品种及外植体	培养基名称	培养基配方
白叶瓶子草 茎尖	不定芽诱导培养基	1/3MS+3 mg/L 6-BA+0.3 mg/L NAA +30 g/L 蔗糖 +5 g/L 琼脂
	不定芽增殖培养基	1/3MS+2 mg/L 6-BA+0.1 mg/L NAA +30 g/L 蔗糖 +5 g/L 琼脂
	壮芽培养基	1/4MS +1 g/L 活性炭 +30 g/L 蔗糖 +5 g/L 琼脂
	生根培养基	1/4MS +0.1 mg/L NAA+0.5 mg/L IBA +1 g/L 活性炭 +30 g/L 蔗糖 +5 g/L 琼脂
紫瓶子草 嫩芽	不定芽诱导培养基	1/3MS+5 mg/L 6-BA+0.5 mg/L NAA +30 g/L 蔗糖 +5 g/L 琼脂
	增殖培养基	1/3MS+3 mg/L 6-BA+0.5 mg/L NAA +30 g/L 蔗糖 +5 g/L 琼脂
	生根培养基	1/3MS+0.5 mg/L NAA +30 g/L 蔗糖 +5 g/L 琼脂
瓶子草 嫩芽、茎尖	不定芽诱导培养基	1/2MS+1 ~ 1.6 mg/L 6-BA+0.3 mg/L NAA +30 g/L 蔗糖 +7 g/L 琼脂
	增殖培养基	1/2MS+1 mg/L 6-BA+0.1 mg/L NAA +30 g/L 蔗糖 +7 g/L 琼脂
	壮芽培养基	1/4MS+1 g/L 活性炭 +30 g/L 蔗糖 +5.0 g/L 琼脂
	生根培养基	1/4MS +0.5 ~ 1 mg/L IBA+0.2 mg/L NAA +1 g/L 活性炭 +30 g/L 蔗糖 +5 g/L 琼脂

第五节　瓶子草的栽培技术

瓶子草与捕蝇草原产地相同，故对栽培条件的要求十分相似。栽培过程中要尤其注意，瓶子草喜光照和酸性土壤。需要用到的工具有园艺铲、方盆、托盘、托盘透明罩等。栽培容器选择透水的塑料方盆，方盆置于园艺托盘中。

一、基质

基质的选择对于瓶子草的生长至关重要。瓶子草需要良好的透气性来保持根部的健康。因此，选择一种透气性好的基质是关键。常见的透气性好的基质包括珍珠岩、蛭石和火山岩等。此外，也要确保基质具有一定的保水性，以便为植物提供足够的水分。无肥泥炭土作为一种常用的保水性良好的基质是最好的选择。为了增强排水性，也可以在基质中加入一些颗粒较大的材料，如粗砂或砾石。瓶子草喜欢微酸性的环境，pH 值在 5.0 ～ 6.0 最佳。因此，在选择基质时，可以考虑配合使用酸性材料，如松针或松鳞。这些材料不仅能为植物提供酸性环境，还能增加基质的透气性。除使用纯水苔，其他常见的瓶子草栽培基质配比如下。

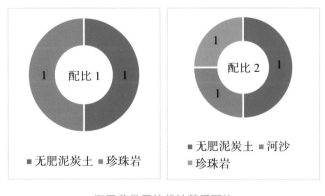

瓶子草常用的栽培基质配比

二、温度

瓶子草喜欢温暖的环境，可在 –8 ~ 38℃的条件下存活，生长适温为 20 ~ 30℃。冬季，由于瓶子草的抗寒性较差，温度不能太低。如果温度降低到 10℃ 左右，瓶子草的生长就会暂停。因此，在冬季栽培瓶子草时，需要注意保持温度不低于 5℃，以免植株被冻伤。此外，夏季应避免温度过高。当温度过高时，需要采取适当的降温措施，如喷水雾、遮阳等，以保持瓶子草生长环境的适宜性。

三、光照

瓶子草属于喜阳植物，对光照的需求相对较高，充足的光照可使植株颜色鲜艳。在温室栽培中，瓶子草每日应接受至少 6 小时的阳光直射。然而，在盛夏时节，中午的阳光可能过于强烈，容易对瓶子草造成伤害，因此需要进行适当的遮阳处理。可以使用遮阳网或其他遮阳工具来减少阳光直射的强度，同时保证瓶子草能够接收到足够的光照。此外，瓶子草的生长速度和对光照的需求也会因季节的不同而有所差异。春季和秋季，瓶子草生长旺盛，需要保证充足的光照利于其进行光合作用。冬季，瓶子草的生长速度减缓并且进入休眠状态，但仍需要保证一定的光照，以免因缺乏光照而生长不良。

四、给水

使用低矿物质浓度的水作为瓶子草的浇灌水源最为合适。在生长期，瓶子草对水分的需求较高，可以使用盆浸法来保持土壤湿润。夏季气温较高，水分蒸发快，需要适当增加浇水频率，同时避免在中午温度最高时浇灌，早晨和傍晚浇水最佳。冬季气温较低，瓶子草进入休眠期，生长缓慢，对水分的需求也相应减少。因此，需要适当减少浇水频率，维持土壤表面湿润即可。另外，浇水时要避免将水浇到瓶子草的瓶内，以免造成腐烂，也要避免盆土过湿导致根部缺氧和腐烂。

此外，还可以通过喷雾增加空气湿度，以满足瓶子草对湿润环境的需求。空气湿度维持在 50% 左右最佳。

五、给肥

瓶子草施肥的最佳时机是在生长旺盛期，通常是春季到秋季。冬季是瓶子草的休眠期，应停止施肥，以免对其造成伤害。施肥时可以采用叶面喷施或根部施肥的方式。叶面喷施是将稀释 2000 ～ 5000 倍后的肥料溶液直接喷洒在瓶子草的叶片上，让其通过叶面吸收养分，注意不要将肥液灌入捕虫瓶中。根部施肥则是将肥料均匀撒在基质表面，或将肥料溶液浇灌在土壤中，让根系吸收养分。施肥时，要严格控制施肥量，避免过量施肥导致植株受伤或坏死。

表 6-2　瓶子草温室栽培条件

时期	生长期（春季到秋季）	休眠期（冬季）
基质	无肥、酸性（pH 值 5.0 ～ 6.0）	
温度	生长温度 –8 ～ 38℃，最适温度 20 ～ 30℃	10℃
水分	保持土壤湿润，空气湿度 50% 以上	土壤湿润，不积水
光照	阳光直射	
肥料	可叶面施薄肥，生长期施肥最佳	
繁殖	春、秋两季是最佳分株和扦插时期	不宜繁殖

第六节　瓶子草的常见病虫害

一、真菌感染

瓶子草常见的真菌感染病害主要有茎腐病、根腐病、叶斑病等。

茎腐病通常是由于定植过深或移栽时人工损伤幼嫩的茎秆，加上土壤湿度大，导致病菌从伤口侵入而引起的。根腐病则是由于根系受到不良生长条件的影响，导致根部发生腐烂。在瓶子草栽培时，注意不要埋得过深，避免茎基部受到伤害，如果不慎造成伤口，要及时处理并消毒。另外，应选择透气性好的盆和土壤，避免积水。茎腐病和根腐病在发病初期，可以使用杀菌剂进行防治。常用的杀菌剂有精甲噁霉灵、四霉素辛菌胺等。使用时要注意按照说明书进行稀释和喷洒。

叶斑病通常发生在高温、高湿、阴暗的环境下。瓶子草叶斑病主要对其叶片造成损害。病害初期，叶片上会出现褐色小斑点，随后这些斑点会逐渐扩大并形成不规则的大斑块，颜色从淡褐色变为灰褐色，边缘稍稍隆起。病害后期，病斑上会产生小黑点。为了防治瓶子草叶斑病，可以加强通风透光，保证环境通风良好，光照充足，避免叶面长时间滞水。发现少量病叶时，应及时将其摘除并定期喷洒50%的多菌灵可湿性粉剂600倍液，每半月1次，连续3～4次，以控制病害的发生。

二、常见虫害

瓶子草常见的虫害包括红蜘蛛、蚜虫和蓟马等。红蜘蛛会危害瓶子草的叶片，一经发现，可以用阿维菌素稀释 2000 倍或乐果稀释 1000 倍喷洒叶面。蚜虫也是侵袭瓶子草的常见害虫。蚜虫的治理可以将 10% 阿维菌素乳油稀释 3000倍喷洒于叶面即可。蓟马会危害瓶子草新生的幼芽，吸食汁液使得叶片出现铁锈状。在蓟马盛行的季节前，可采取预防措施：悬挂黄色粘虫板诱捕蓟马成虫。必要时，可以使用 10% 蚜虱毙 1000 ~ 1500 倍液进行防治。在防治虫害过程中，要注意避免将药物喷入捕虫瓶中，喷施频率最好为 5 ~ 10 天喷施 1 次，连续喷施 2 ~ 3 次。

瓶子草组合景观

第七章

其他食虫植物

食虫植物，这一自然界中的独特群体，以其非凡的捕食机制和生存策略吸引了无数科学家、自然爱好者和探险家的目光。除了广为人知的猪笼草、茅膏菜和瓶子草等"明星"物种外，还有许多其他食虫植物同样值得我们深入了解和探索。

一、狸藻科

狸藻科是食虫植物中的一大类，广泛分布于全球各地，在湿地、池塘和沼泽等水生环境中尤为常见。狸藻科植物以其特殊的捕虫囊而著称。这些捕虫囊通常位于叶片或茎的特定部位，能够迅速捕捉并消化水中的小型生物，如浮游生物、昆虫幼虫等。代表物种有黄花狸藻和挖耳草。

【黄花狸藻（*Utricularia aurea*）】

这是一种常见的狸藻科植物。夏季开花，黄色的小花很明亮。其捕虫囊呈黄色或黄绿色，易于在水中被发现。捕虫囊通过陷阱机制捕捉猎物，一旦猎物触发陷阱，囊口就会迅速闭合，将猎物困在其中。

黄花狸藻

【挖耳草（*Utricularia bifida*）】

挖耳草是狸藻科中的另一种小型水生植物，其捕虫囊位于叶片的基部，形态各异，有的呈球形，有的呈管状。这些捕虫囊能够感知周围环境中的微小震动，从而捕捉接近的猎物。

二、土瓶草科

土瓶草科是一个相对较小的科，主要分布在澳大利亚的西南部地区。这个科的植物以其独特的捕虫结构和生长习性而闻名。土瓶草科植物通常生长在干旱的石灰岩地区，通过捕食昆虫来获取生长所需的营养和水分。代表物种有土瓶草。

【土瓶草】

土瓶草科的唯一属和唯一种。土瓶草的捕虫结构位于叶片的基部，形状类似一个小瓶子或漏斗，内部充满消化液。瓶口处有一个向下的唇瓣，能够引导昆虫滑入瓶内并被消化液淹死。土瓶草的捕虫机制非常高效，能够捕捉并消化多种昆虫，包括蚂蚁、蜘蛛等。

土瓶草

三、腺毛草科

腺毛草科是一类较为罕见的食虫植物，主要分布在南美洲的热带雨林地区。这个科的植物以其密集的腺毛和独特的捕虫方式而著称。腺毛草科植物的叶片上布满了细小的腺毛，这些腺毛能够分泌黏性物质来捕捉并困住昆虫。代表物种有腺毛草。

【腺毛草】

腺毛草科植物的代表，其叶片上的腺毛排列紧密，形成了一层厚厚的"毛毯"。当昆虫落在叶片上时，会被腺毛分泌的黏性物质粘住，并逐渐被周围的腺毛缠绕起来。随着时间的推移，昆虫会被腺毛草分泌的消化酶分解并吸收。

四、其他未被广泛认知的食虫植物

除了上述几个科的食虫植物外，还有许多其他科的植物也展现出了一定的捕虫能力，但由于研究较少或分布范围有限，并未被广泛认知。这些植物包括某些兰科植物、菊科植物以及其他一些更为罕见和独特的物种，如丹波花柱草（*Stylidium debile*）。丹波花柱草是一种捕虫能力非常弱的食虫植物，花茎和花瓣背面具有能分泌黏液的腺体。最大特点是花朵上的柱头可迅速弹起，"暴击"花朵上的昆虫以完成授粉。

随着科学研究的不断深入和人们对自然界的进一步探索，相信将发现更多未知的食虫植物。

丹波花柱草

参 考 文 献

[1]杨佳丽，饶羽菲，张润花，等．捕虫堇叶片高效再生体系建立[J].植物学报，2024，59（04）：626–634.

[2]曾宋君，陈之林，段俊．猪笼草的组织培养和快速繁殖[J].植物生理学通讯，2003（05）：479.

[3]梁日高，谢健国，陈小燕，等．猪笼草组织培养育苗技术的研究[J].广东园林，2005（02）：35–37.

[4]吴雪松，李江，钟青凤，等．猪笼草组培快繁技术[J].经济林研究，2005（04）：48–50.

[5]朱志勇．猪笼草'盖亚'组培快繁技术研究[J].现代园艺，2024，47（05）：47–48.

[6]吴雪松，吴雪枫，甘青，等．捕蝇草的组培快繁技术[J].农业开发与装备，2019（02）：122.

[7]于金平，任全进，夏冰，等．捕蝇草组织培养与快速繁殖研究[J].江苏农业科学，2008（01）：129–131.

[8]李春华，李柯澄．捕蝇草繁殖与温室生产[J].中国花卉园艺，2019（14）：34–37.

[9]靖晶，李青，李博伦．匙叶茅膏菜的组织培养与快速繁殖[J].植物生理学通讯，2010，46（01）：55–56.

[10]许凤，张艺萍，宋杰，等．叉叶茅膏菜组培快繁的研究[J].江西农业学报，2020，32（06）：47–51.

[11]陈春满，蒋雄辉，郑贵朝，等．白叶瓶子草的组织培养和快速繁殖[J].植物生理学通讯，2008（01）：113.

[12]李春华，李天纯，李柯澄．瓶子草栽培与病虫害防治[J].中国花卉园艺，2015（16）：22–25.